数字化生活
新趋势

U0722734

从0到1打造
个人品牌

王一九 / 著

电子工业出版社
Publishing House of Electronics Industry
北京·BEIJING

序 言 ▶

- -

　　品牌能够使商品产生一定的溢价，企业也能通过品牌的知名度及品牌带来的信用保障获取竞争优势，吸引客户，占据市场，从而获取长远利益。同样，个人也需要打造品牌，通过个人品牌的超级影响力实现自己的价值变现。

　　本书第1章和第2章告诉读者为什么要打造个人品牌及个人品牌变现的途径，因为只有了解了为什么及如何赚钱，我们才有打造个人品牌的动力。

　　第3～6章是打造个人品牌的四大步骤，是本书的核心内容，也是打造个人品牌缺一不可的完整体系。如果仅仅靠一个标签传播，则很容易误入歧途。

　　第7章和第8章是个人品牌传播与变现最基础也最实用的两种方法——社群营销与打造个人号矩阵，单独拿出来细细分享，就是期望读者学完立即能用，用完立即变现。学完一种技能并立即能变现，是对自己的最大鼓舞，也是再次学习的最大动力。

　　人的一生都在为认知买单，所以本书最后　章是关了认知突破的。在与几十个社群小伙伴互动了一年后，我发现很多人的思路受到限制，甚至很多大众熟知的观点误导了很多人。不仅仅是职场人，最近很多来咨询的企业家也有同样的问题，我思来想去，觉得这部分非常重要。如果想要突破思维认知，可以从最后一章读起。

　　如何规划读一本书的时间？

　　这本书并不厚，像这样一本书，我一般2个小时能够读完，算是快速阅读，但是我会过两天再重复翻看一遍。有的书，我也会抽碎片化时间阅读，但一本书的阅读时间绝不会超过一周。

　　我建议你用3天时间，最多用1周的时间读完。下载一个读书笔记软件，比如有道云笔记或印象笔记，每读一章做一下记录。最后可以把整本书的思维导图记录下来，下次温习只需要看思维导图即可。

如何与朋友分享一本书？

分享是最好的学习方式，通过分享不仅能给予别人知识，更能提升自己的表现力，加深自己对内容的理解。如果我觉得一本书不错，我会这样分享：先讲述书中的三个故事，再分享一下自己的观点，最后分享一下作者。

书中设有"小结"和"思考"模块，小结是理解作者的话，思考是回答作者的问题。我们与朋友聊天，听完对方的话后，通常会先消化理解一遍，然后再回复朋友，读书也一样。

我读书时常常在读完一章后思考这章讲述的是什么内容，假如这些内容由我来做，我会得出什么创意？站在作者的肩膀上，整合自己的知识体系，产生不一样的创意，才是读书的价值所在。

为了让你形成这个习惯，我在本书的每章都做了一个小总结，还提出了一个思考问题，当然你还可以提出更多的思考问题。你也可以添加我的微信（wangxi-815），我会拉你进我的社群，每天和你一起思考一个问题。

本书的完成离不开亲朋好友的支持，在此表示特别感谢：

感谢我的爱人陈超鸿的支持，她常帮我校稿到深夜，时时为我鼓劲加油；感谢我的父母和岳父母，是你们给予了我美好幸福的生活。

感谢我生命中的良师益友，张帆、田泽湘、路骋、姜宏、阮静媛、贾旭东。

感谢我的团队成员和支持我的朋友，方贤赟、张泉银、海玲、谢小七、黄老邪、徐小徐、永芳……

感谢正在阅读的你。

目　录 ▶

第1章　为什么要打造个人品牌 ⋯⋯⋯⋯⋯⋯⋯⋯⋯⋯⋯⋯⋯ 001

　1.1　每个人都是自品牌 ⋯⋯⋯⋯⋯⋯⋯⋯⋯⋯⋯⋯⋯⋯⋯⋯ 001

　　1.1.1　个人品牌的三个维度 ⋯⋯⋯⋯⋯⋯⋯⋯⋯⋯⋯⋯⋯ 001

　　1.1.2　互联网为打造个人品牌提供了前所未有的机遇 ⋯⋯ 004

　　1.1.3　打造个人品牌是时代发展的要求 ⋯⋯⋯⋯⋯⋯⋯⋯ 005

　1.2　个人品牌为价值赋能 ⋯⋯⋯⋯⋯⋯⋯⋯⋯⋯⋯⋯⋯⋯⋯ 007

　　1.2.1　99%的人不理解的个人品牌核心内涵 ⋯⋯⋯⋯⋯⋯ 007

　　1.2.2　成为细分领域第一人 ⋯⋯⋯⋯⋯⋯⋯⋯⋯⋯⋯⋯⋯ 011

　　1.2.3　成为自己企业的代言人，节约大量广告费 ⋯⋯⋯⋯ 012

　　1.2.4　低成本、低风险创业 ⋯⋯⋯⋯⋯⋯⋯⋯⋯⋯⋯⋯⋯ 013

　　1.2.5　21岁的百万粉丝自媒体博主，年收入从30万元到500万元 ⋯⋯ 014

　　1.2.6　实体连锁店零成本招商95家，收取千万元加盟费 ⋯⋯⋯⋯ 016

第2章　商业闭环：个人品牌变现的途径 ⋯⋯⋯⋯⋯⋯⋯⋯ 018

　2.1　知识付费：有人愿意为成长买单 ⋯⋯⋯⋯⋯⋯⋯⋯⋯⋯ 018

　　2.1.1　在知识付费平台卖课程 ⋯⋯⋯⋯⋯⋯⋯⋯⋯⋯⋯⋯ 018

　　2.1.2　在社群卖课程 ⋯⋯⋯⋯⋯⋯⋯⋯⋯⋯⋯⋯⋯⋯⋯ 020

　　2.1.3　项目咨询 ⋯⋯⋯⋯⋯⋯⋯⋯⋯⋯⋯⋯⋯⋯⋯⋯⋯ 021

　　2.1.4　卖演讲 ⋯⋯⋯⋯⋯⋯⋯⋯⋯⋯⋯⋯⋯⋯⋯⋯⋯⋯ 021

2.1.5 卖圈子 ·· 022

2.2 流量广告变现 ·· 023

2.2.1 广告分发 ·· 023

2.2.2 实物产品销售 ·· 023

2.2.3 卖书 ·· 024

2.3 项目变现 ·· 024

2.3.1 项目加盟 ·· 025

2.3.2 股权交易 ·· 025

第 3 章 定位体系：找到自己的高价值定位 ·································· 027

3.1 高价值定位 ·· 027

3.1.1 设计师小小的烦恼故事 ·· 027

3.1.2 设计师小小的定位 ·· 028

3.1.3 设计师小小的推广策略 ·· 032

3.2 如何通过工具找到精准定位 ·· 035

3.2.1 两位青少年教育导师，不同的二元定位 ······························ 035

3.2.2 个人定位 3C 分析法 ·· 038

3.2.3 三个成就事件法 ·· 039

3.2.4 市场分析：找到需求大的上升行业 ···································· 041

3.2.5 客户群体分析 ·· 043

3.3 定位体系打造要素 ·· 044

3.3.1 如何找到成为细分领域第一的定位 ···································· 044

3.3.2 如何通过使命和愿景驱动定位成功 ···································· 047

3.3.3 如何写一个能吸引人的标签 ·· 051

　　　3.3.4　如何打造值得信赖的信任背书 ·················· 052

　　　3.3.5　如何塑造价值百万的个人形象 ·················· 059

第 4 章　知识体系：构建个人品牌的知识树 ·············· 064

　4.1　知识体系构建 ·································· 064

　　　4.1.1　什么是知识体系 ·························· 064

　　　4.1.2　为什么要构建一套知识体系 ·················· 065

　　　4.1.3　知识体系的种类 ·························· 068

　4.2　知识体系打造 ·································· 068

　　　4.2.1　如何打造一套知识体系 ···················· 069

　　　4.2.2　打造知识体系的三大误区 ···················· 077

　　　4.2.3　构建知识体系的五大步骤 ···················· 080

　　　4.2.4　如何使用工具高效构建知识体系 ················ 084

第 5 章　产品体系：规划系列产品架构 ················· 089

　5.1　知识产品核心要素 ······························ 089

　　　5.1.1　为什么要做知识产品 ······················ 089

　　　5.1.2　怎么做知识产品 ·························· 091

　5.2　如何利用知识体系做课程 ·························· 097

　　　5.2.1　如何开发一堂微课 ························ 097

　　　5.2.2　如何做线上训练营 ························ 104

第 6 章　传播体系：个人品牌的粉丝裂变与变现 ············ 111

　6.1　变现与内容输出 ································ 111

　　　6.1.1　个人品牌变现的逻辑 ······················ 111

　　　6.1.2　如何设计个人品牌的输出内容 ················ 116

6.2 粉丝增长与变现策略 ·· 119

　　6.2.1 粉丝增长的八大渠道 ································ 119

　　6.2.2 内容输出与变现策略 ································ 126

第 7 章 社群营销：用社群成就百万粉丝 ················ 129

7.1 私域流量池 ·· 129

　　7.1.1 为什么要做私域流量 ································ 129

　　7.1.2 为什么打造个人品牌要做社群营销 ··········· 130

7.2 如何构建百万社群私域流量池 ························· 133

　　7.2.1 清晰描述客户画像 ··································· 133

　　7.2.2 从 0 借到大量粉丝群 ······························ 135

　　7.2.3 让粉丝核弹式裂变 ··································· 138

　　7.2.4 让裂变的客户留存在流量池 ······················ 141

7.3 高效成交：五种快速成交绝技 ························· 144

　　7.3.1 塑造价值法 ·· 144

　　7.3.2 制造失去感 ·· 146

　　7.3.3 超值诱惑法 ·· 147

　　7.3.4 氛围成交法 ·· 148

　　7.3.5 负风险成交法 ··· 149

7.4 五种提升客单价的暗招 ··································· 150

　　7.4.1 目标值法 ··· 150

　　7.4.2 优先特权法 ·· 151

　　7.4.3 递减折扣法 ·· 152

　　7.4.4 附带配件法 ·· 153

  7.4.5 结账追销法 ································· 153

7.5 三种提升复购次数的心理绝技 ················· 155

  7.5.1 给一个下次再来的理由 ················· 155

  7.5.2 给一个常来的理由 ····················· 156

  7.5.3 给一个带人来的理由 ················· 157

7.6 会员与合伙体系的构建 ······················· 159

  7.6.1 如何构建高价值会员体系 ············· 159

  7.6.2 构建合伙人体系，让事业放大百倍 ··· 163

第 8 章 百万"大 V"：打造百万个人号矩阵 ········ 168

8.1 复利的力量 ································· 168

  8.1.1 复利的认知 ························· 168

  8.1.2 为什么要打造个人号矩阵 ············· 169

8.2 怎样塑造高价值微信形象 ··················· 171

  8.2.1 拍摄一张拿得出手的头像 ············· 171

  8.2.2 打造一个"你就是我想要找的人"的个人标签 ··· 172

  8.2.3 设计一张"令人沦陷"的微信背景图 ··· 173

8.3 如何在朋友圈迅速成交 ······················· 175

  8.3.1 多维度展现个人价值，调动好奇心 ··· 175

  8.3.2 持续与朋友圈好友互动 ··············· 175

  8.3.3 微信成交三大快速法则 ··············· 177

  8.3.4 在朋友圈展示个人价值的误区 ········· 179

  8.3.5 如何对朋友圈好友进行分类管理 ······· 188

第 9 章　认知进化：打造个人品牌的 40 个认知突破 ……………… 193

9.1　突破发展认知，找到你的事业突破之门 …………………… 193

9.1.1　为什么有的人能干好很多事，而有的人一件事都干不好…… 193

9.1.2　为什么有些人投入很多时间工作，却没有产生等
比例的收益 ……………………………………………… 194

9.1.3　你的同学和你技能差不多，但是收入是你的 3 倍，
你要继续提升技能吗 …………………………………… 195

9.1.4　假如你做了一个产品，怎样测试客户是否喜欢你的产品…… 196

9.1.5　客户愿意付款的产品，就是好产品吗…………………… 197

9.1.6　为什么常常一个问题还没想清楚，就急急忙忙去做
别的事情了 ……………………………………………… 198

9.1.7　只要把事情做好就有好口碑，真的吗…………………… 199

9.1.8　做一件事情前，要先想好成功的方法再采取行动
才比较稳妥吗 …………………………………………… 200

9.1.9　为什么你总是把控不住时间，做事情总是超过预定时间…… 201

9.1.10　你能做一件后来居上的事情，实现人生逆袭吗 ……… 202

9.2　突破学习认知，构建自己的高效学习力系统………………… 203

9.2.1　如果你想成为顶尖高手，如何"取其精华、去其糟粕"
地学习 …………………………………………………… 204

9.2.2　事业越来越好却越来越焦虑，如何才能学习更多的知识…… 205

9.2.3　为什么学习了很多东西，却没有赚到钱，
是不是学得还不够多 …………………………………… 206

9.2.4　为什么学了那么多东西，反而心情越来越浮躁 ……… 208

9.2.5 一段时间做多件工作能提高效率吗 …………………… 209

9.2.6 拥有一项技能就是有了核心竞争力吗 …………………… 211

9.2.7 写文章是打造个人品牌的方法之一，如何做到

每天坚持写文章 …………………………………………… 212

9.2.8 写文章有利于提升个人品牌知名度吗 …………………… 213

9.2.9 打造个人品牌如何输出更多更有深度的知识内容 ……… 215

9.3 突破社交认知，链接你想链接的任何人 ……………………………… 217

9.3.1 如何去求见更高层次的人 …………………………………… 218

9.3.2 打造个人品牌，如何才能获得大咖的帮助 ……………… 219

9.3.3 领导总是提出不靠谱的想法，你是默默忍受，还是怼回去… 220

9.3.4 与人沟通时你要如何说服别人 …………………………… 221

9.3.5 听话照做就能做出成绩吗？假如你带领团队，

会让他们听话照做吗 …………………………………… 222

9.3.6 你的个人品牌越来越强，你需要招募助理，你想要

品德好的人还是能力强的人 …………………………… 223

9.3.7 为什么做个人品牌要找一个杠杆 ……………………… 224

9.3.8 在打造个人品牌初期，如何与对手竞争 ……………… 225

9.4 突破自我认知，成为更好的自己 ……………………………… 227

9.4.1 为什么有人买了很多衣服，在别人眼里还是同一个品牌形象… 227

9.4.2 不擅长沟通、不敢演讲，是默默地做幕后工作，

还是逼自己一把，走到台前 …………………………… 228

9.4.3 为什么自己提问了却得不到想要的答案 ……………… 229

9.4.4 如何才能改正自己的缺点，让自己更进一步 ………… 230

9.4.5　你痛恨自己晚睡、晚起、拖延、长胖吗？如何让自己更自律 …… 231

9.4.6　为什么有的人总是跳进同一个坑，而有的人总能绕过下一个坑 … 232

9.4.7　如何养成努力工作的习惯 …………………………………… 233

9.4.8　你身边那些看似不靠谱而又胆大包天的人后来都怎么样了 … 234

9.4.9　对于上班族来说，打造个人品牌和履行岗位职责，

　　　　该如何选择 ……………………………………………… 235

9.4.10　愿景，是一句忽悠的口号吗 ………………………………… 236

9.4.11　担心个人品牌无法变现怎么办 ……………………………… 237

9.4.12　打造个人品牌，如何才能累积巨大的势能 ………………… 238

9.4.13　打造个人品牌就是为了赚更多钱吗 ………………………… 239

第 1 章

为什么要打造个人品牌

当今时代，为什么需要打造个人品牌？我先跟大家分享几个真实的案例，请认真思考一下他们成功的逻辑是什么。

1.1 每个人都是自品牌

在移动互联网时代，几乎每一个人都有机会通过有意识地塑造，从 0 到 1 地打造价值千万的个人品牌。

1.1.1 个人品牌的三个维度

你去商场购买一台空调，最后选择了格力的，觉得这个牌子棒极了。但你有没有想过，自己为什么会觉得这个牌子很好？

是它的外观、功能、广告，以及它的好口碑给你带来的整体感觉，是你对一个产品的核心功能、外观与服务的综合印象，这就是产品品牌。

个人品牌也是一样的道理，它是一个人给别人留下的整体印象，有核心价值、外表形象和文化特质三个维度，如图 1-1 所示。

首先，他（她）是干什么的，他（她）的核心技能是什么，技能水平如何？

其次，他（她）的外表形象如何，长相、穿衣风格、发型配饰如何？

最后，他（她）的文化特质如何，他（她）的性格有什么特点，说话风格如何，是否有诚信，口碑怎么样？

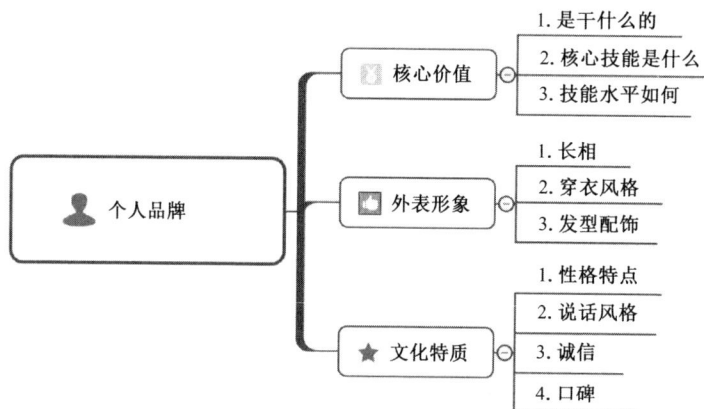

个人品牌
├─ 核心价值
│   ├─ 1. 是干什么的
│   ├─ 2. 核心技能是什么
│   └─ 3. 技能水平如何
├─ 外表形象
│   ├─ 1. 长相
│   ├─ 2. 穿衣风格
│   └─ 3. 发型配饰
└─ 文化特质
    ├─ 1. 性格特点
    ├─ 2. 说话风格
    ├─ 3. 诚信
    └─ 4. 口碑

图 1-1　个人品牌的三个维度

当你想起乔布斯，你会想到什么？我们来总结一下乔布斯的个人品牌。

首先，他的核心价值：他是个伟大的企业家，创造了苹果品牌。

其次，他的外表形象：他是个喜欢穿牛仔裤和黑色套头衫、长着满脸胡子、目光深邃的男人。

最后，他的文化特质：他是个极其专注、极其崇尚简洁、对工作要求极高的人。

这就是乔布斯给我们留下的整体印象。

我们评价身边的人，也是从这三个维度来评价的。

我有一个朋友 Y 先生,我认识他已经有 7 年了。他是个平面设计师,同时还有很多技能,比如写文案、写广告脚本、做新闻发布会。但他在周边朋友心目中的核心价值就是做平面设计,因为他做平面设计的技能精湛,曾经帮助多家世界 500 强公司做出优秀的设计。

他长得稍胖,戴黑框眼镜,穿衣服随意,喜欢牛仔裤加 T 恤衫。

他为人真诚正直,做事情认真负责。

那我们来总结一下 Y 先生的个人品牌特点。

Y 先生的核心价值:能帮别人做平面设计。

Y 先生的外表形象:休闲随意。

Y 先生的文化特质:性格随和,值得信赖。

我自己,王一九,是一个个人品牌战略咨询师,曾经做过 10 年的企业品牌咨询,又做了 4 年的个人品牌咨询,喜欢阅读和写作,写过 3 本书,还写了几年的公众号,自己创业成立了一九咨询公司。我十多年来只干了一件事,就是做品牌咨询,最擅长的事情就是逻辑思考,所以给人留下的印象就是极其专注,逻辑思维能力非常强,能够为别人解决战略定位和发展规划问题。

王一九的核心价值: 能帮人解决个人品牌规划的问题。

王一九的外表形象: 轻商务、沉稳。

王一九的文化特质: 专注、安定,对逻辑思考要求极高。

我们每个人都会给别人留下不同的印象,不过大部分人是无意识、自发地呈现自身的特点,属于本色出演;只有极少数人是有计划、有策略地塑造自己的品牌,不断提升自己的核心竞争力,把自己当作一个产品来打造,成就良好的个人品牌形象。

小结

个人品牌是我们给别人留下的整体印象，有核心价值、外表形象和文化特质三个维度。人们评价一个人就像评价一个产品一样。我们可以把自己当作一个产品来打造。

思考

你的核心价值、外表形象和文化特质是怎样的？

1.1.2 互联网为打造个人品牌提供了前所未有的机遇

以前，往往是那些具备足够实力的人才能成功打造个人品牌。但是现在，互联网工具已经为普通人做好了基础硬件的铺垫，每个人都有机会打造自己的个人品牌。

我们可以使用的互联网工具有以下 3 种。

第一种是文字类工具，这是最容易上手的一种，如微信公众号、头条号、百家号、大鱼号、搜狐号、一点资讯、简书、知乎等。这些工具为我们打造个人品牌提供了便利，如果你的文字功底不错，那么这类工具是最容易上手的。

第二种是视频类工具，这是发展得最快速的一种。抖音、快手、小红书、视频号等都是快速发展粉丝的重要渠道，视频和直播将会以指数级的速度发展，也是我们最需要早日抓住的趋势。目前，视频类知识付费平台已有数百家，如千聊、荔枝微课、喜马拉雅、蜻蜓 FM、小鹅通、短书、知识星球等，这些平台让每个人都有机会销售自己的知识产品，为每个有知识、有技能的人提供了知识变现的工具。

另外，还有一个非常重要的工具，就是社群。社群营销是现在非常值得一用的营销方式。

以上提到的这些工具，足以让普通人的知名度扩大到全世界。我签约了 40 多家知识付费平台，知名度在 2017—2018 年得到了飞速提升。2019 年我的个人品牌训练营学员已经遍布十几个国家，2020 年开始写公众号（王一九），2021 年开始布局视频号（王一九说），一年时间有 30 多万粉丝。部分学员甚至不远万里地飞到中国来参与线下活动。

打造出了个人品牌的普通人，可以自由自在地工作。只要有一台笔记本电脑和一部手机，就可以边旅行边工作，不用打卡，不用担心被炒鱿鱼，更不用担心随着年龄增长在职场上的竞争力下降。有了粉丝，就相当于有了客户，而且客户数量还在不断地裂变，产生新的客户。

1.1.3　打造个人品牌是时代发展的要求

为什么说打造个人品牌是时代发展的要求？我们可以先看一看产品品牌发展的过程。

第一阶段是产品阶段。

改革开放不久，产品极度稀缺，只要有大量的产品就能赚钱。我认识一个老板，他当年在广州一个市场的铺面里销售鞋子，一年轻松赚了 1 亿元。他身边那些做服装的、做袜子的、做小电器的，当初也都赚了大钱。

第二阶段是质量阶段。

随着大家意识到产品稀缺，所有人都开始生产产品，市场竞争也越来越激烈。可是客户就那么多，他们会挑选质量好、价格低的商品，这时谁更注重产品质量，谁就更容易获得大量的订单。

第三阶段是品牌阶段。

在大家都有产品、产品质量都不错的情况下，一个企业想要更好地发展，就需要品牌知名度。所以很多企业开始找明星代言，开始疯狂地在电视台打广告。只要成为全国知名品牌，就会获得消费者的认可。过去二十多年，敢请明星代言的企业，大都能发展迅速，一年提升几亿元销售额的企业更是数不胜数。而绝大部分只知道提升质量，没有打出品牌的企业，却举步维艰，很多时候高质量的产品只能堆放在仓库里。

与此同时，个人品牌的发展也经历了三个阶段。

第一个阶段是学历阶段。

三十年前，只要有好的学历，基本就可以进入国有企业或是政府单位，收入相当于普通人的几倍，而且还分房子，退休也有养老金。那时只要有好学历，就会有好单位来接收。

第二个阶段是能力阶段。

二十年前，很多人到南方发展，进入私企或外企工作，那时只要你有帮助企业创造价值的能力，就能够获得一份不错的收入。

第三个阶段是个人品牌阶段。

如今，个人品牌和产品品牌有异曲同工之处。个人品牌不仅要拼质量，还要有足够的影响力。有足够多的人看到，你的价值才能得以变现。在自媒体时代，那些拥有百万粉丝的"大 V"的收入已远远超过某些大型企业高管的收入，是因为他们的能力都非常强吗？并不是，是因为他们的影响力。

很多企业高管具有良好的学历背景，他们可能是 EMBA 毕业，也可能是"海归"。他们有相当丰厚的知识储备和人脉积累，同时也具备丰富的市场经验及强大的资源，但是收益却远远不及那些会打造个人品牌的"网红""大 V"。很多"网红""大 V"的个人能力并不强，但他们善于通过移动互联网提升自己的影响力，将自己的变现能力放大了几十倍甚至几百倍。

由此可见，想要得到更好的个人发展，就必须要打造个人品牌，那还等待什么呢？

1.2 个人品牌为价值赋能

你的经验价值千万，只是你一直没有系统地梳理过。

1.2.1 99％的人不理解的个人品牌核心内涵

很多人对打造个人品牌有巨大的误解，虽然一直在努力打造个人品牌，但仅在外围做一些推广性动作，实际上同个人品牌的核心内涵相差甚远。甚至有很多老师在教授个人品牌课程时，也没有讲授个人品牌的核心内容。人们对打造个人品牌大致有以下三种误解。

1. 以为做好自媒体宣传、能卖货就是个人品牌的核心

很多人通过发朋友圈、写软文发到各种媒体平台上、举办不同的活动造势、开通自媒体、做抖音等提升自己的知名度，然后就开始卖货。他们以为只要有了知名度、能够卖货就叫有了个人品牌，其实这只能叫生意。

这种广告式的宣传，无法真正体现个人品牌的价值。在产品本身和客户的购买行为之间，存在着一道巨大的鸿沟：信任。客户愿意购买有个人品牌的人所推

荐的产品，是因为个人品牌能够跨越"信任"这个巨大的鸿沟。

2. 以为树立标签就是个人品牌的核心

有些人给自己设立一个定位，声称自己是"行业第一名"，比如微商第一人、新零售第一人等，随后开始大肆宣传，通过朋友圈提升知名度，写软文、写新闻稿在网络上发布，以为这样就够了。这样虽然能产生一定的影响力，也能借助传播的力量达到销售产品的目的，但依然不是个人品牌的核心。

这种传播最大的问题是对标签的过度夸大。如果无法成为真正的"第一人"，会出现"德不配位"的情况，导致产品销售周期大幅度缩短。做个人品牌的终极目标的确是成为细分领域里的第一人，但这是目标，而不是核心内容。

3. 以为拍摄图片、塑造案例就是个人品牌的核心

拍摄图片、塑造案例是很多商业活动的基本传播逻辑。通过真实的成功案例说明产品的价值并无不妥之处，也能获得客户的信赖。但这只是个人品牌的一种展示方式，同样不是个人品牌的核心内容。

以上这些误解的共同点是，人们更多关注的是产品或是赚钱的机会，一旦产品生命周期缩短或赚钱机会减少，产品品牌的作用很快就会失效，而影响力也不会落在个人身上。有很多代理商，一直宣传产品，所有的努力都没有体现在自己身上，一旦产品品牌出现问题，自己的努力也会随之白费，又要重新代理新的品牌，重新传播。

而个人品牌的核心价值是会落在个人身上的，并会不断积累，让个人更值钱。那么，究竟什么才是个人品牌的核心内涵？

个人品牌的核心内涵是知识体系，即围绕某个领域构建的一套逻辑化的、系统化的、能够解决问题的方法论。

世界上最伟大的个人品牌有老子、苏格拉底等。即使已经过去了约2500年，我们仍然受他们的思想的影响，他们依然拥有数亿粉丝，而且这些粉丝还在不断地裂变。他们的共同特点就是有一套非常完整的知识体系。

老子有一套教导国君如何做领导人的知识体系。他的《道德经》堪称领导人素养手册，从天道讲到圣人之道，在《道德经》的最后一章，老子点明："天之道，利而不害；圣人之道，为而不争。"

苏格拉底建立了一种"美德即知识"的伦理思想体系，其中心是探讨人生的目的和善德，同时也构建了一套"认识自己"的知识体系。

这些个人品牌的影响力，从时间上影响了约2500年并将继续影响下去；从空间上影响了全世界两百多个国家和地区的几十亿人，并将继续扩展。

从这些个人品牌中，我们可以得出结论：个人品牌的核心不是宣传，不是标签，更不是标榜自己第一，一套完备的知识体系，才是个人品牌的核心内涵。

在商业社会中也有很多获得卓越成就的人，他们通过打造知识体系来获得事业上的巨大成功。比如，乔布斯、雷军、巴菲特等，这些具有非凡成就的人都有一套自己的知识体系，并因此快速成就了个人品牌，创造了超大规模的企业。

雷军最初做小米时远没有现在的知名度，可以说知道他的人少之又少。如何不花钱又能快速提升影响力？他建立了一套互联网思维的知识体系，简单到只有7个字："专注、极致、口碑、快"，被称为互联网思维7字口诀。

这套知识体系为公司带来的关注度，远远超越数亿元广告费带来的流量，让雷军在极短时间内在整个网络爆红，红到发紫。除此之外，雷军还有一套"爆款"理论，直接帮助小米手机将一年的出货量提升至6000万台。

这两大知识体系，使小米以最快的速度发展成世界500强公司，上市市值高达 3700 多亿港币。

美国的巴菲特有一套关于投资的知识体系，即"价值投资"体系。这套知识体系指导他只投最有未来价值的公司，帮他赚取了巨额个人财富，使他登上了 2008 世界首富的宝座。

可能有人会说，普通人打造个人品牌，无法做出特别优秀的知识体系。没错，99.9%的人可能都做不到那样的境界，但是我们可以做出相对简单的知识体系，通过自己建立的简单的知识体系，让个人核心价值得到 10 倍、100 倍乃至 1000 倍的提升。

我有一个学员小 D，他做出了一套关于朋友圈打造的知识体系，教客户如何发好朋友圈，成为朋友圈的"大 V"。这套知识体系帮助小 D——一个普通的职场人，一年成功赚取了几百万元。

我还有一个学员小明，擅长演讲，我让她定位于教练，并帮她总结了一套商业演讲的知识体系，帮助企业老板通过演讲的方式批量化地成交客户。凭借这套知识体系，她招收私教学员和开办演讲训练营，一年收入 500 多万元，一年的收益比她过去 10 年的工作收益还要多。

我自己最擅长做咨询，我总结了一九个人品牌变现闭环体系、一九高价值定位金字塔体系、裂变式发售体系、一九 IP 轻创业体系，让自己可以更好地服务学员，也成立了专业的咨询公司。

所以，知识体系才是个人品牌的核心内涵。如果你要打造个人品牌，一定要构建一套自己的知识体系，哪怕这个知识体系再小、再简单，都很可能会让你脱颖而出，收入倍增。

与那些仅销售产品的人相比，有个人品牌的人自己就是影响力中心。客户认可的是这个人本身，客户会因为信任这个人而购买他（她）销售的任何产品，即便产品贵一点，客户还是心甘情愿地购买，因此收益也更加长久。另外，随着知识体系的不断完善，他（他）的粉丝数量也会不断地裂变，收益也会呈几何式增长。这才是个人品牌的核心内涵。

🔭 小结

做任何事情，都要理解做这件事情的核心。做一百件表面的事，都不如做一件直指核心的事。想要打造个人品牌，首先要理解个人品牌的核心内涵是知识体系。

想要成为顶尖高手，就要向顶尖高手学习，打造个人品牌就要向全世界最顶尖的个人品牌高手学习。历史上最顶尖的个人品牌高手有老子、苏格拉底等，当今时代在商业上最顶尖的个人品牌高手有乔布斯、雷军、巴菲特等。

再普通的人，都可以设计出属于自己的知识体系；再小的领域，也都能从不同的点切入，打磨出不同的知识体系。如果传播和运营是个人品牌腾飞的翅膀，那么知识体系就是个人品牌腾飞的核心发动机。

📖 思考

你以前是如何理解个人品牌核心内涵的？

1.2.2　成为细分领域第一人

中国经济已经走过 40 年的野蛮生长期，接下来将进入精耕细作的时代，在垂直细分领域做深度挖掘将是大势所趋。流量红利几乎已经被消耗殆尽，而人口红利也近乎消失，现今最大的红利应该在细分市场。

每一个行业都有不计其数的细分市场，抓住任何一个，你都有机会事业有成，达到人生巅峰。打造个人品牌可以把细分领域的知识累积到自己身上，以个人IP

的形式传播，汇聚细分领域的高端资源。

以健身行业为例，行业内有很多细分领域，比如健身瘦腿、瘦腰、美臀、美背、练马甲线等，连跑步这么常见的运动项目都有很多专家。这些小而美的细分领域让打造个人品牌，甚至成为细分领域第一人变得较为容易。想整合资源做大公司老板的人不计其数，但是在细分领域扎根的人少之又少，这对新一代创业者来说就是最大的红利和机遇。

深圳有家瑜伽馆，最初普普通通，没什么名气，产品内容也是一般的瑜伽团课和瑜伽私教课，每月几乎都入不敷出。后来老板调整定位，做自己最擅长的"美臀"瑜伽，从此大受欢迎，而且收费标准提升了两倍。现在每月都有 50 万～80 万元的流水，成为深圳瑜伽馆中"美臀"领域当之无愧的"第一馆"。

在餐饮行业，光是面食就可以细分出很多领域。有人非常擅长做肉夹馍，连锁店开了几百家，自己就是店面的代言人，这家店叫木马勺；有人把油泼面做到了极致，几年的时间就开了几十家油泼面面馆，他亲自做面，自己就是代言人，连广告画面用的都是他自己的形象，这家店叫老碗会；有人把凉皮做到了极致，开了凉皮连锁店，整个店就只有几个凉皮套餐，要么是凉皮加小米粥，要么是凉皮加肉夹馍，这家店叫西北杂粮筐。

即便是再小的细分领域，都有 10 亿元以上的市场规模。成为某个细分领域的第一会让赚钱的速度更快。专注一个细分领域，更有机会让个人品牌迅速崛起，在红海行业中独树一帜。

专注一个细分领域，会让你将全部的精力都聚焦在一点上，能迅速把这一点打通打透，成为细分领域的第一名。我们往往能记住冠军的名字，但是很少叫得出亚军的名字。成为第一名，就是让个人等同于一个词，让人们提到这个词，就会想到这个人。

专注一个细分领域、成为细分领域第一名是一种战略选择。最伟大的兵法著作《孙子兵法》就曾提到过集中优势兵力攻其一点的战略。这是一种战争智慧，也是一种人生智慧。

1.2.3 成为自己企业的代言人，节约大量广告费

企业老板有了一定的影响力，对企业的融资、招商、业务发展和流量聚集都有巨大的帮助，仅仅广告费这一项就能节约大量的费用。

巴菲特就是自己公司的形象代言人。他在全球的知名度如此之高，根本不需要再为自己的企业投任何广告，他自己带来的流量足以让公司业务蒸蒸日上。我们常在格力的广告上看到董明珠的照片，她也是用自己的形象为公司产品代言。

不管是在机场还是地铁站，我们经常能发现很多广告牌上的代言人就是公司的创始人，所覆盖的领域有餐饮行业、培训行业、美容行业和美发行业等。这样做一是能节约大量的广告费用；二是能让品牌资产累积到自己的身上，使企业走得更加长远，更有利于企业的发展。

1.2.4 低成本、低风险创业

对创业者来说，创业的两大困难是流量来源和资金来源。假如一个成功的个人品牌可以影响 10 万人，当一个人开始创业时，就已经有了 10 万个潜在客户，那他就不用再花费很长时间寻找第一批客户。即便他只有 1 万个粉丝，也同样是个良好的开始。

大部分创业者创业的路径是辞职、筹集资金、找办公室、招人、开发产品、开发客户、销售、倒闭、创业者重新找工作。中小企业的平均寿命是 2.7 年，而很多创业者甚至撑不过 1 年。

在创业的过程中，创业者筹集资金的难度非常大，现在有很多人拿着融资计划书到处找人融资，花费了大量的时间也没融到钱。如果创业者有一定的粉丝量，在细分领域内小有名气，此时再去融资，难度就会大大降低。

而如果你有个人品牌，则完全可以走不一样的低风险、低成本的创业路线。有个人品牌的创业者的创业路径是累积粉丝、开发产品、粉丝小批量购买、辞职、招募合伙人、筹集资金、自由办公或租赁办公室、通过粉丝裂变出更多的客户。即便公司倒闭也不用太过担心下一次是从零开始。

不同人的创业路径如图 1-2 所示。

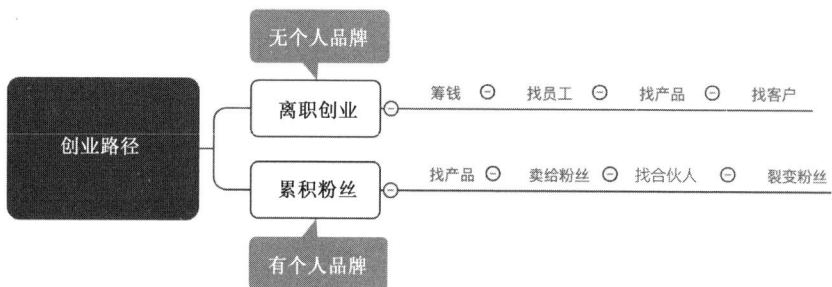

图 1-2 不同人的创业路径

著名作家凯文·凯利认为，如果你是一名内容创作者，只需拥有 1000 名铁杆粉丝便能糊口。

1.2.5 21 岁的百万粉丝自媒体博主，年收入从 30 万元到 500 万元

去年，在我招募第三期个人品牌私教学员时，一个年仅 21 岁的女生艾希来报名，这让我很好奇。看了她的资料后，我很震惊。艾希年仅 21 岁，但通过做 vlog 短视频，在网上已经拥有上百万粉丝。

艾希的短视频主要讲述自己的生活，包括她留学、创业的经历以及自己的生活日常。她的短视频主题和思考事物的角度与很多人截然不同，哪怕是非常小的日常琐事，她都会精彩地记录下来，而且她自己拍摄，自己剪辑，非常用心，所以粉丝

数量增长飞快。

而让我更震惊的是，艾希在全网加起来有百万粉丝，却每月只能变现两三万元。她收入的主要来源是广告，很不稳定。所以她决定来报名我的个人品牌私教课，提升自己的变现能力。

经过一对一的沟通，我帮她做了以下 6 个方面的调整。

第一，在战略上聚焦。

她虽然在全网有百万粉丝，但是分散在抖音、小红书、快手等各个平台。首先，要锁定一个平台。通过对她个人的天赋和她擅长的产品内容的分析，最终我让她选择了粉丝最少的小红书平台。这就意味着放弃了抖音和快手，但是她很勇敢，果断地做出了这个决定。

在战略上聚焦，自己的时间、精力就会聚焦在一点，释放出自己最大的时间价值，因此在短短半年时间内，艾希的粉丝就增长了 3 倍。

第二，找到高价值定位。

我将艾希从过去的流量博主重新定位为 vlog 短视频导师。在客户画像上，锁定年轻女孩，尤其是有一定思想和创意的女孩。

为什么一定要做这个调整呢？因为流量博主主要靠接广告变现，但是广告变现模式的主动权始终控制在客户手中，而且广告变现的金额非常有限。同时，打造个人品牌一定要打造自己高价值的产品，才能形成自己的品牌资产。

第三，调整变现产品结构。

艾希的流量变现模式要从过去主要的广告变现转变为知识变现。经过一天的梳理，我为艾希规划出一套知识产品结构，从 399 元的产品一直规划到 5 万元的产品。

第四，产品发售。

我让艾希采用一九个人品牌发售体系逐步发售产品。她第一场发售的产品是

399 元的知识产品，一次销售了 400 份，获得了 12 万元的收入。

12 万元的收益不重要，重要的是获得了 400 个精准客户。所以第二次发售她就突破了 100 万元的收入目标，在今年的一次发售中，一次实现了 200 万元的收益目标。

第五，构建自己的知识体系。

发售了产品，实现了赚钱目标是不是就够了呢？实际上这还远远不够。要想真正打造高价值个人品牌，就不要满足于当下赚多少钱，而是要构建自己的知识体系。所以，从一开始做规划，就要设计知识体系，在实践中将其不断完善，坚持长期主义，提高自己的品牌壁垒。

第六，出书。

在线下课上，我讲到如何出版自己的书籍，艾希也参加了出书计划。半年后，有一家 MCN 机构找到她，想要跟她签约。她征询我的意见后，还是决定坚持做自己的事情。这也许会慢一点，但是始终可以做自己，自己对自己的事业有足够的把控力度。

不到一年的时间，艾希从一个流量博主转变成真正具有自己个人品牌的知识领域博主，一年的收益也提升了将近 20 倍。除此之外，她还规划好了长期的个人品牌路径，不断地积累自己的个人品牌资产。希望艾希能够不迷茫、不焦虑地走好接下来的每一步。

1.2.6　实体连锁店零成本招商 95 家，收取千万元加盟费

去年，烟酒连锁店老板周总来到广州，在与朋友的交流中，他吐露了实体店招商的困惑。周总经营高档烟酒已有 10 年，目前一个店每月有 200 万元的营业额，不到 10 家连锁店，年度营业额就超过了 1.2 亿元，算是烟酒零售领域的佼佼者。

可是，随着新零售时代的到来，他迅速把烟酒店改成健康新零售店，转型非常成功。中国有 7000 多万家实体店，大部分都面临着新零售店和网店的冲击，经

营非常困难，但这也是巨大的机遇。周总当时的想法是开拓加盟连锁店，从而帮助更多的实体店，尤其是小型的烟酒店。但是理想和现实总是差距很大，招商进展并不顺利，经过近两年的努力，加盟店还不到 10 家。

如今实体店招商非常困难，举办招商会不仅很难邀约到客户，还需要订高档场地，为客户订酒店、订机票、订餐饮，甚至花重金请明星助阵。然而很多客户也只是出于面子来到现场，吃喝完毕后各自作鸟兽散，成交率如何，一点把握都没有。一场招商会下来，少则耗资几十万元，多则上百万元，代价极高。

即将过年的前一周，周总邀请我到北京探讨策略。冒着严寒，我们深入地探讨了如何为连锁店发展客户并实现招商。我们最终确定以打造个人品牌的方式实现突破，周总从过去的企业老板身份，转变为烟酒店盈利导师，把自己多年经营烟酒店的经验梳理出来，毫无保留地分享给潜在的加盟客户。

这是一个重大的转变，从老板到老师，不仅能打消潜在加盟客户的提防心理，还能迅速建立起友好关系。从过去他求客户加盟转变为客户来找他取经，客户关系发生了 180° 的大转弯。

过去，举办招商会是花钱请客户来；现在，客户花钱来听他分享。当客户发现他有非常扎实的烟酒店经营经验，又是一个有责任心、有远大目标的人时，纷纷主动要求加盟。

半年的时间，周总实现零成本招商 95 家，还收取了几十万元的学费。不仅如此，他还受到成都糖酒会主办方的邀请，成为糖酒会峰会的分享嘉宾，仅在现场就有几百位实体店老板加了他的微信。现在，他已开启了招商 1000 家的计划。

本章总结

不管你从事什么行业，只要经验足够丰富，都可以打造个人品牌，成为这个行业的导师，把过去与同行之间的竞争关系变成合作关系，成为行业上下游资源的整合者。

第 2 章

商业闭环：个人品牌变现的途径

每个人都有将个人品牌变现的能力。个人品牌就是影响力，只要有足够的影响力，变现的途径多种多样，不同的人可以选择不同的变现途径。

2.1 知识付费：有人愿意为成长买单

如今人们越来越能意识到学习的重要性，几乎每个人都曾有通过学习摆脱平庸的想法，所以即使生活繁忙，人们也不愿意放弃学习。为知识付费逐渐出现在当代人的消费清单上，这也为我们实现个人品牌变现提供了机会。

2.1.1 在知识付费平台卖课程

2016 年之前，我一直从事传统的品牌营销咨询工作，但是一直没有知名度，到了 2016 年年底才发现知识付费这个风口。那时，我看到一个宝妈在做关于时间管理的分享，每人 9.9 元，分享 1 小时，居然有 4000 多人购买。我很好奇，也选择了购买课程。

准确来说，那不叫课程，只能叫作经验分享。她分享自己从早上 6 点起床如何安排时间做早餐，到上午如何看书学习，中午如何安排时间采购，下午如何安排时间写作，一直到晚上 10 点如何做休息前的半小时准备，最后 10 点半进入睡眠状态。看完后我觉得很受益。

她的分享很具实操性，很接地气，更重要的是很有人情味，不是一个时间管理大师的感觉，更像一个老朋友坐在自己面前聊天。

我对她保持了持续关注。2017 年上半年她做了时间管理的系列课，一共有 9 节，99 元一份，卖了 2 万多份。后来她又做了时间管理训练营，全部收入加起来一年超过 500 万元，比很多专家学者甚至教授的收入还要高。

在知识付费平台，通过课程获得百万级收入的个人数不胜数。这些老师本身并不是掌握高精尖知识的专家学者，他们中很多也是普通人，并且大多分享的是自己的经验。

你的经验价值千万，一点都不夸张，不要觉得自己的经验还不够好、水平还不够高。假如整个行业的水平有 100 分，你的经验只有 70 分，那么你可以把课程卖给那些 70 分以下的人。

知识付费平台上已经有超过 3 亿人在为知识付费。所以即便你的经验只有 70 分，依然有数百万人等待购买你的经验；即便每份销售 99 元，只销售 1 万份，你都可以收入 99 万元。

目前有几百家知识付费平台可供选择，其中较为知名的有：得到、喜马拉雅、蜻蜓 FM、网易公开课、网易云课堂、千聊、荔枝微课、微课星球等，你可以根据平台特性选择入驻。

同时你也可以选择垂直领域的平台进行合作，比如静雅课堂、创业邦、静好课堂、壹心理、每周微课、十点课堂、樊登读书等。一般来说，各个垂直领域都有相关的平台。

如果你已经拥有一定的粉丝量或者本身就是教育机构，那么也可以考虑使用小鹅通、短书等知识付费 SaaS（软件即服务）系统，将它们放入自己的公众号，把粉丝圈进自己的地盘。

2.1.2　在社群卖课程

你一定在朋友圈看到过有人发海报，内容是有一个训练营希望你加入，价格从 9.9 元到 9999 元不等，基本模式是在社群内讲课+作业+互动沟通。

2018 年底，我开设了"个人品牌变现训练营中级班"，每人收费 2000 元，一共 25 天。2018 年大年二十九当天，第一个班正式启动，学员热情高涨，在大年三十、正月初一、正月十五也都进行了在线语音沟通。这种方式弥补了上课没人监督、作业没人辅导、学好学不好自己无法评判的缺陷，让学员收获巨大。课程从此一发而不可收，每个月都开班，而且基本每期都能涨价 200 元。

我提供的是小班制，每 7 个人配备 1 个辅导员。为了保证课程质量，我会先对辅导员进行培训，后来还开设了专门的辅导员班。到 2019 年夏季，我又开设了"个人品牌训练营高级班"，主要针对创业者和企业家，每人收费 2.98 万元。

2019—2020 年，训练营可能会成为很多知识付费老师最重要的收入渠道，也将成为很多想要深度学习的学生最重要的学习方式。社群的训练营相对于知识付费平台的课程，要求学员投入的时间比较多，所授知识也比线上课程更有深度。

即使你做的是线下的事，也能开线上训练营。烘焙师韩露，2019 年开设了"韩露教你做烘焙"线上训练营，收费 399 元；瑜伽教练如意，开设了线上训练营"每天 15 分钟靠墙站，21 天练就好体态"；健身教练小丽，开设了线上训练营"吃瘦群：10 分钟健康快瘦健康餐，21 天带你吃出易瘦体质"，通过这个训练营她还开启了副业赚钱之路，仅仅 3 个多月，就实现了月入 5 万元。

2.1.3　项目咨询

我从事咨询行业有 10 多年的时间了，主要专注于营销与品牌的战略咨询。从 2004 年开始，我就和中国移动、中国联通、中国电信等企业合作，做出的咨询方案少则卖几万元，多则卖上百万元。有时咨询和产品销售同时进行，曾经销售过的最大订单价值 580 万元。

中国目前已经成型的几大类咨询，如营销咨询、法律咨询、商业模式咨询、股权咨询等，收费都相当高。随着社会的发展，每个行业都需要咨询服务，如穿衣搭配、发型设计、情绪管理、文案写作、PPT 制作、社群营销、创业、职业发展等，未来会有更多的人愿意为专业的咨询付费。

"在行"是一个国内知名的知识共享技能平台，通俗理解就是一个咨询的对接平台。如果你的专业知识过硬，就可以注册一个账号，发布自己的信息，立即成为一个赚钱的咨询师。

做咨询还有一个巨大的好处，当你开始去做时，你就会不断提升自己的知识储备量，倒逼自己把知识系统化、逻辑化，通过与客户的深度接触，加深对行业的理解，加速个人成长。

2.1.4　卖演讲

我们经常看到各种论坛、峰会、开业庆典在宣传时，会把嘉宾的姓名和头像放到宣传海报上。这些大咖嘉宾往往都是具备一定影响力的人，他们对主办方来说是吸引人气的法宝。

这些嘉宾大都是主办方花钱邀请的，少则几万元，多则几十万元。很多明星出席活动都收取高昂的出场费，而具有知识型个人品牌的人一般收费不会那么高，但这类出场费对于个人来说同样是一种收入来源。

这是一件双赢的事，对于个人来说，既有直接的收入，也能进一步提升个人品牌的影响力；对于主办方来说，既降低了成本，又增加了活动的信任感，同时还能带来更多的客户。

2.1.5　卖圈子

我有一个朋友是做投资的，他在股权投资、合伙人股份划分、员工股权激励等方面非常专业。后来他组建了一个创业者圈，里面都是各类创业者，每月不定期聚会，吃喝玩乐、相互学习。但是，想要进入这个圈子，需要缴纳 1 万元的入群年费。

类似的圈子有很多，比如股票圈、房产圈、健身圈、创业圈等。过去有很多以相同目标组成的线下圈子，比如营销协会、城市企业协会、服装协会、潮汕商会等，而未来将会出现各种各样的以个人品牌为中心的圈子，这种圈子的信赖度更高、导向性更明确。

吴晓波组建了一个"企投会"，入会的门槛是 500 万元投资款，这就是典型的以个人品牌为中心组成的圈子。微商界有一位大咖，组建了一个微商群，最初收费是每人 1000 元，经过几年时间的更新迭代，现在想要加入该群，费用升级为每人 2.98 万元。当然这位大咖也提供了更多的服务，如线下交流会等。

目前，已经有人开发了组建圈子的平台，如鲸打卡、小打卡、知识星球等，可以帮助各种具有个人品牌的人构建收费圈子。每个平台的收费标准不同，比如知识星球大约是 99 元或 199 元每年，而很多人在知识星球上已经有数万付费用户了，那么加起来就是几百万元的收入。

2.2　流量广告变现

个人品牌可以与广告宣传或实物销售相连接，并以此产生变现效果。

2.2.1　广告分发

现在很多"大 V"在公众号卖广告，一些千万级粉丝量的大号，一个广告位甚至可以卖到 30 万～50 万元。然而，目前公众号广告的转化差异非常大，一个普通的百万级粉丝量的营销号，一条广告标价 2 万元；但一个垂直类的个人号，即便只有 1 万名粉丝，也可能收取 2 万元一条的广告费。因为垂直类个人号的目标人群十分精准，用户非常信赖这个人，因此购买他（她）推荐的产品的概率较高。

如果你做的是抖音号，一样有很多广告主愿意投放，而且有专门的广告公司替你承接广告订单。

还有一种形式是广点通，你只需开通腾讯流量主，就能接到不同的广告。

2.2.2　实物产品销售

人们购买商品，会听从专业人士的建议，以判断自己的购买决策是否正确。有人在网络上专门教人做菜，每天翻新花样，展示各种色香味俱全的菜式的烹饪方法，偶尔介绍一下自己使用的炒菜锅，就立刻有很多粉丝直接采购同款炒锅。于是，有一家制锅公司找到他，请他成为代理，他每月仅卖锅的收入就超过 10 万元。随着他的粉丝数的不断增长，更多品类的产品选择找他带货，如油、锅铲、调料等。

他卖的仅仅是锅吗？不是的，他卖的是炒菜的技能和信赖感。即便他推荐的产品卖得稍微贵一些，粉丝们还是愿意买。未来，人们会越来越相信那些树立了个人品牌的人所推荐的东西，从过去的单纯购买产品，转变为购买人格化产品。

很多"网红"带货销量也非常大，是不是"网红"带货就等同于个人品牌销售产品呢？

其实这两者在本质上有一定的区别："网红"带货卖的是"产品+影响力"，更多依靠粉丝量和自己的影响力；而个人品牌卖的是三位一体的"知识体系+影响力+产品"。"网红"通过互联网工具提升了影响力后，应该马上下功夫打造自己的知识体系，深化自己的影响力。

很多企业家和创业者通过打造个人品牌带动产品销售，本质上就是以个人品牌带货。很多人因为喜欢雷军而购买了小米的产品；很多人因为喜欢乔布斯而购买了苹果手机。这两位创始人并没有像"网红"那样直接卖货，却有很多人因为他们的个人品牌而购买了产品。

2.2.3 卖书

出书是打造个人品牌的一个重要途径，更重要的是，通过出书可以进一步提升个人品牌的价值。你和朋友见面时，对方拿出一张名片，而你拿出名片再加一本书，个人的价值感立即提升几倍。

2.3 项目变现

个人品牌也可以像公司那样，利用合伙人加盟和股权交易实现变现。

2.3.1　项目加盟

刘总过去是上市公司 CEO，累积了广泛的人脉资源，开设了一家商学院。现在，她想让更多的人一起来做这件事，帮助更多创业女性少走弯路。于是她开始招加盟商，筹划在 100 个城市建立创业基地，城市加盟费用 10 万元，目前已经完成了北京、上海、广州等国内城市的招募，以及加拿大的温哥华等国外城市的招募。

2018 年我开设个人品牌研习社，经过几期的训练营，有学员开始主动找到我，说要加盟一起做，于是我也开始招募合伙人。目前我的合伙人分布在广州、深圳、多伦多、悉尼、巴厘岛等地，他们只需要在自己的事业外稍加努力，就可以完成合伙人的任务。

2.3.2　股权交易

向先生是一名有多年互联网实操经验的"老网虫"，在抖音刚刚兴起时，他就开始关注并注册了自己的抖音号。由于他的抖音号做得不错，慢慢积累起一些经验，于是又多注册了几个账号，另外还帮助客户打造抖音号，3 个月左右就累积了百万粉丝。

随着他的个人品牌知名度不断提升，周边越来越多的朋友找他咨询如何打造抖音号，甚至有些企业老板找他帮忙代运营抖音账号。于是他招募团队代营抖音项目，成立了他的抖音运营公司。

现在，很多投资机构开始寻找具有个人品牌的人进行投资。机构之所以这样做，是因为看重他们的影响力，影响力就是变现力。我坚信未来是个人品牌的时代，只要你有足够的影响力，你的收益来源远远不止本章提到的这几种。那么现在你能想到的，自己可以获得的收益有哪些呢？

本章总结

变现的路径是自己规划出来的，变现的方式不同，变现的结果就有巨大的差别。你不需要用尽所有的变现途径，只需要找到最适合自己的途径，把力量集中在你最擅长的那部分。

本章思考

哪条是最适合你的变现途径？

第 3 章

定位体系：找到自己的高价值定位

"选择大于努力"，在市场经济环境下，不同的行业投入产出比相差十分巨大，即便是同一个行业，不同的细分领域收入也相差很大。而一个好的定位，可以让个人品牌在付出同样的时间与精力的情况下，获得更大的收益。

3.1　高价值定位

什么是高价值定位？高价值定位，就是付出同等努力的情况下，能够带来更高价值回报的定位。

3.1.1　设计师小小的烦恼故事

我有两个做设计师的朋友，一个是总监易小姐，一个是普通的设计师小小。5 年前，我和易小姐说，她应该找准一个属于她自己的定位，专注地去做，不断累积能量。而她却觉得自己应该涉猎更大的范围，她想边做设计边做营销策划，还想拍摄视频。目前，她依然是 5 年前的生活状态。

那个普通设计师朋友小小，在 3 年前找我聊天，诉说自己的苦恼。他说自己做设计 6 年了，工资虽然从 5000 元涨到了 1 万多，但是始终没有大的进展；偶尔在外面兼职，一单只能赚到 2000 元；另外他还组建了一个五人的兼职设计团队，在外面承接一些设计订单，这样他就可以不用亲自去设计，把大部分事情分给其他人做。

我问他效果如何，他说很一般，找客户比较困难，而且因为是兼职团队，做出来的设计品质并不是很好，客户回头率也不高；只是做些零散的单，一个月能赚个几千块，可是大部分又分给了团队。他觉得很苦恼，想要跟我深入聊聊这件事。

我让他拿出本子，在我家边喝茶边做出他的个人定位和推广方案。

小小做设计的类型有海报设计、平面广告设计、网页设计、Logo 设计，还有空间设计。客户类型有通信公司、餐饮公司、手机公司、电子公司、科技公司等，反正有什么客户，就做什么客户。

3.1.2　设计师小小的定位

第一步我先询问他哪一种类型的广告是他最擅长、最热爱的。

他一时无法回答，说自己混了那么多年，虽然都做得不错，却没有一个最擅长的类型。

第二步我询问他喜欢哪个行业，哪个行业类型的设计是最赚钱的。

他想了半天，好像也没有什么特别喜欢的，觉得只要能赚钱就行。至于哪个类型的设计最能赚钱，他认为是网页设计和海报设计。

经过对客户和市场的分析后我发现，目前市场上已经有很多做网页设计的公司，设计整个网站才收费 5000 元；而做一张海报则要收费 1000 元，很多客户都觉得贵，而且对此项服务的价值感知不强。

客户花 1000 元做一张海报，觉得不划算，甚至还会说，在猪八戒网做一张海报只需要花 100 元，在淘宝上找人做可能只需要花 50 元。这就带来一个很大的问题：客户对此类设计的价值感知不强，在他们心目中做个海报设计非常简单，而这直接导致了小小所做的事无法体现个人价值。

后来，我建议他做 Logo 设计，也就是做品牌标志，这个工作相对简单，但是对客户来说却意义重大。产品 Logo 将用到产品的各种宣传资料上，还会用到店面、网站、自媒体、产品包装、员工服装等地方。一旦使用就会注册商标，并且很多年不变。客户对专业 Logo 设计师的价值感知是：做这个事情的设计师必须是最有水平的设计师。因此，他们也愿意给更多的钱。

海报设计与 Logo 设计的价值与价格差异如图 3-1 所示。

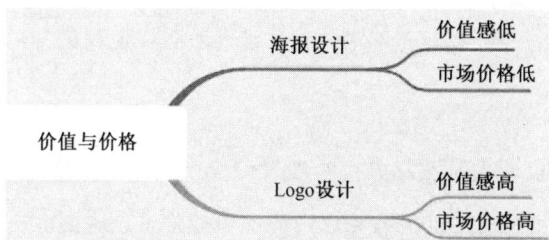

图 3-1　海报设计与 Logo 设计的价值与价格差异

我建议他做一个 Logo 收费 1 万元，如果收不到这个价格，前期最低也要收费 5000 元，几个月后积累了一定的客户量，就可以考虑收费 1.5 万或者 2 万元。

听我讲完后，他陷入犹豫中，然后提出了两点困难：第一点是仅仅设计 Logo 就收费 1 万元几乎是不可能的，过去他做 Logo 基本都是收 1000～2000 元，客户依然觉得贵，因为有的客户去猪八戒网找人设计，只需要花一两百元；第二点是不知道去哪里找愿意出 1 万元的客户。

于是我帮他进行了分析。第一个问题是价值问题，因为小小从来都没有对自己所做的事情进行包装，提升自己的服务价值，过去做 Logo 只收 1000～2000 元，客户会认为这件事情就只值这么多钱。就像你去一家普通的餐馆吃饭，一道菜 30 元你可能都觉得贵，但是去一家五星级酒店吃饭，一道菜 120 元你都觉得理所应当。因为那里的用餐环境、餐具品质和服务水准，让你觉得他们的菜就值 120 元。

第二个问题是客户群体的问题，小小当下并没有找到适合自己定位的客户。客户群体是有阶梯的，月薪几千元的普通打工族，不太可能花 1 万元买一个 LV 包包，而月薪几万元的管理层，使用几百元的包包的概率也很小。客户的消费习惯取决于他们的收入水平和消费价值观，小小需要重新对标客户群体，找到能出得起 1 万元做 Logo 的客户。

解析了这两个问题的本质后，我和他分享了我曾经以兼职的方式帮客户做品牌咨询的案例。很多人在外面兼职写方案，普遍的收费大约是 5000 元，而我的方案一般收费 12 万元到 30 万元不等，而且我只做品牌规划和营销传播的部分，其他的不做。

我为什么能够收费那么高？因为我发现找个人而不是找公司做方案的客户，一般都是年度营业额在 3000 万元以内的中小型公司。这类客户最需要的是为公司产品做好定位，然后马上提升业绩。如果能提升销售业绩，就等于是为他们赚钱。如果我的方案能替他们多赚几百万元，他们出十多万元给我，这很合算。

于是我的方案一般就会抓住这两点，直击痛点，确保 3 个月就见效。同时我也不接太多订单，我的目标就是每个月接一个客户，花 3 倍的时间在这个客户身上，狠狠地研究该如何帮助这个客户提升业绩。

客户做 Logo 设计，显然不是为了找到一个更好看的图形，毕竟做生意不是做艺术。他们只是为了让客户记住自己的品牌，产生更大的商业价值。如果你设计的 Logo 比他们原来的 Logo 能让更多的人记住，他们会觉得出一两万元，是非常合算的。

因此，这件事的关键是要总结出一套行之有效的方案，让小小设计的 Logo 能够被客户记住，具有实际的效果。在设计完成后，还要跟踪客户反馈情况，用数据证明小小的设计确实能够提升客户的记忆度。

比如，他可以尝试做一个百人调研，让客户去验证自己的设计水平。积累半年后，小小的实战水平就可以超越很多高级设计师了。因为，90%的设计师都在办公室埋头做设计，而小小却杀到市场一线，和终端用户零距离接触，倾听客户的真实评价，这样就能做出最及时的调整和最符合市场需求的设计。

另外，我建议小小每做完一个设计，都要用非常有质感的特种纸打印出来，最后装订成册；同时，再用玻璃把 Logo 雕刻出来，赠送给客户。电脑里的设计稿变成了立体的 Logo，客户一定会觉得眼前一亮，也能体会到小小的用心，随后很可能会愿意介绍更多的生意给他。

小小听了很吃惊，因为他以前从来没有这么想过。我们一边喝茶，一边继续深入分析。

如果要专注做 Logo 设计，从哪个行业切入最合适呢？结论是电子行业，有两个原因。

第一，深圳的电子市场占全国 70% 的行业份额，其中有数千家企业都集中在华强北电子一条街的那几栋楼上，非常容易被找到。而且，电子行业的客户，一般公司规模比较大，他们出得起钱。

第二，小小本身做通信行业多年，通信行业和电子行业有极大的关联，做起来更加容易。当小小为客户做设计时，也可以讲述一些通信行业的状况，让他们感受到自己的专业。小小的个人定位就是"专注电子行业 Logo 设计的设计师"。

做个人定位，仅仅说出是"专注电子行业 Logo 设计的设计师"，是远远不够的，还需要有更多的支撑点。

经过几个小时的分析，最后小小记下了几个要点。

1. 专注电子行业 Logo 设计。

2. 要总结一套记忆型 Logo 设计的理论体系。

3. 与市场零距离接触，在市场中不断检验自己的作品。

4. 要找到一个具体的行业作为切入点，那就是电子行业。

5. 要有一套与客户洽谈的逻辑，写成书面方案。

咨询结束后，我让他回去立即做一套个人介绍资料，总结一套 Logo 设计的理论体系，并且把过去的成功案例都放进去，要像设计公司手册一样去设计和包装自己。

这是第一步——做好个人定位及抓住几个支撑点。

3.1.3　设计师小小的推广策略

那么接下来如何找到客户呢？仅靠朋友介绍，客户来源非常狭窄。任何一门生意，都需要有源源不断的客户来源。这就需要第二步：推广。

推广有很多种办法，也可以面向很多人群，但总的来说，推广策略是最为重要的。基于小小既没有广告费，又没有团队的情况，我制订了一个"聚焦传播+佣金分销"的策略。

1. 聚焦传播策略

我建议小小聚焦在华强北电子一条街，就在那几栋楼做传播，因为大部分的客户都在这几栋楼上。

我还建议小小做 1000 张名片,名片的标注是:"专注电子行业的 Logo 设计师"。为了让客户保存名片,我进一步建议小小在名片上放一个二维码,并且写上一句话:"扫码领取让客户记住产品的秘诀"。名片的设计也是一种营销,普通的名片,看到的人可能会丢掉,但是当客户看到扫码可以领取"让客户记住产品的秘诀"时,总有一部分人会想要知道这个秘诀。

另外,针对名片发放,我的建议是要跟常规做法不一样,最好能够围绕电子一条街的客户,用 3 个星期的时间连续发 3 遍。小小则说,以前也发过名片,但是都没有效果。

人们对只见过一面的人,是很难记住的,但是如果连续见 3 次,你可能就永久地记住这个人了。以前小小没有说自己是专注电子行业的 Logo 设计师,也只发了一遍,人们是记不住的,发 3 遍才大概会有印象。如果小小在这个基础上再赠送礼品,他们对小小的记忆就会深刻很多。

2. 佣金分销策略

我建议小小设计好营销策略,让别人帮忙转介绍客户,只要转介绍成功就给 30%的佣金。具体的做法是联系身边所有的朋友及熟悉的广告公司的业务人员,告诉他们,自己是专业做电子行业 Logo 的设计师,希望他们给自己介绍客户,只要达成合作就给 30%的提成。

半年后,小小的设计费提升到了 1 万元以上,对一些大客户的收费甚至提升至 3 万元,并且每月只接两三个客户,工作轻轻松松。这就是高价值定位给他带来的好处,让他的个人收益提升远远超过了 300%。

没有明确定位的设计师,他们会做海报设计、网页设计、户外广告设计,甚至做空间设计,他们的能力很强,可以同时涉猎很多范围,但是导致的直接结果就是精力分散,无法在任何一个领域做到极致,做到精通,如图 3-2 所示。

图 3-2　没有明确定位的设计师

但是，有明确定位的设计师，会集中攻取一点，把一件事情做到极致，成为这个细分领域当之无愧的顶尖高手，甚至是第一人，如图 3-3 所示。

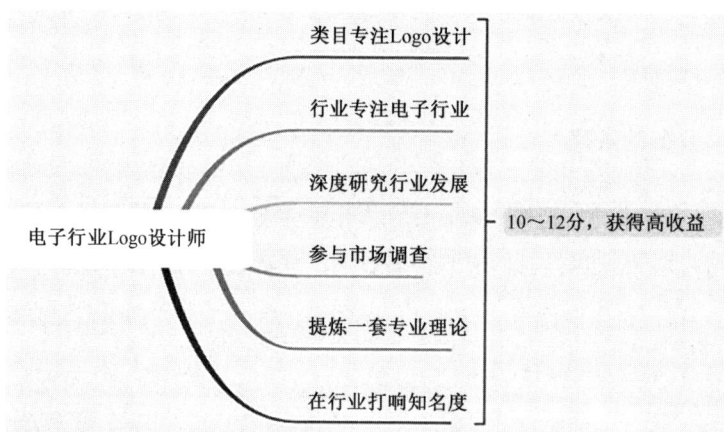

图 3-3　电子行业 Logo 设计师

在定位上坚持"挖井"原则，与其挖 100 口 10 米深的井，不如挖一口 1000 米深的井。成功的人都是在一个身份成功后才有更多机会的，先把一件事做到极致才有机会做得更多。

小结

定位就是找到自己热爱的、具体而明确的高价值的事情。

定位就是定心，定下心来先去做，而不是还没行动就考虑各种后果，白白浪费大好青春。如果你还没有找到最想要的定位，那就先开始定位。

定位就是找到高价值区，在自己擅长的狭小领域不断深耕，把 1 米宽的井挖 1 万米深。

思考

你目前的定位是在高价值区吗，是自己最热爱的吗？

3.2 如何通过工具找到精准定位

定位的终极目标是成为细分领域的第一名，让客户一想到这个领域就想到你。但是如何判断一个定位是不是好的定位？我将通过以下的例子说明。

3.2.1 两位青少年教育导师，不同的二元定位

杨生做过十多年的培训工作，学员超过 10 万人。两年前他从公司离职，带领一个 10 人团队，连续开展了夏令营、冬令营、家长培训等多种线下培训课程。但是线下活动成本居高不下，而且受疫情的影响，很多线下活动无法开展。

今年 3 月，杨生来找我咨询，想要重新确定战略定位，重新规划产品体系。在之后两个多月的时间里，杨生的团队通过产品发售，获得了超过 500 万元的业绩，更重要的是增加了 2 万多私域流量。

在这两个多月的时间里，杨生做了哪些事情呢？

第一，确定战略定位和愿景。

我们先要分析主要的受众是谁，是家长还是孩子？是青少年。

那么我们要培养什么样的青少年呢？

青少年的培养往往与沟通力、表达力、领导力、梦想和格局有关，这与一般的技能型教育机构完全不同。所以我们要寻找合适的词语。优秀、卓越、不一样、有梦想的、有格局的，究竟哪个词更好呢？

"优秀"显得力量不够，"梦想"显得过于空泛，"卓越"则非常符合他们的调性，力量感十足。最终，经过反复推敲，杨生团队选择了"卓越"，于是一个恰到好处的定位词出现——"卓越青少年导师"，然后将机构定位为"卓越青少年教育机构"。

下一步就是制订未来的愿景：为祖国培养卓越青少年。

而愿景，是一种"愿"，一个有愿力的人，做事情就容易成功。愿力叫本，"本立而道生"。愿景出来了，各种技能和资源就自己生发出来了。愿景不是广告口号，不是用来贴在墙上向外做宣传的，而是不断地向内激发人的潜能。

第二，构建核心知识体系。

打造个人品牌的核心并不是在策划产品后直接销售。首先，围绕卓越青少年构建体系，杨生团队总结出"卓越青少年 5 大能力系统"。知识体系才是核心，产品只是个人品牌的表现形式。

第三，规划产品矩阵。

之前的沟通课、亲子课、伯乐计划、夏令营、冬令营等十多个内容的产品矩阵十分复杂，但好的产品矩阵应当是非常简单而有力量的。通过与杨生的深入沟通，我为他制订了一个简单又有力的产品体系。

第一个产品是线上 VIP 年卡，定价 399 元；第二个产品是"伯乐计划"卓越青少年突破营，定价 3980 元；第三个产品是"千里马计划"私教产品，一对一辅导，首期定价 29800 元。

这样就构成了流量型产品、利润产品、高价值产品的产品矩阵。但我们还需要一个势能型产品。过去，杨生团队的夏令营、冬令营在全国各地都在做，那么我们就可以策划一个势能型产品，一个就足够了。

那么选择一个什么样的地方来打造势能型产品呢？

最后，我们选择了敦煌，产品的名字叫"卓越少年，自强不息"敦煌沙漠研学营。在这个课程中，青少年可以在沙漠一边研学，一边感受天地的力量，学习圣人的智慧，最后还可以来一场百公里沙漠行。

以前，杨生团队做活动是全国各地跑，现在我建议他们固定下来，选择具有高势能的敦煌作为根据地，一直就在这里做，直到把该产品做成他们的招牌。

中小型企业最好都聚焦一点，单点突破，做小而强的公司，这是战略性的选择。

第四，做裂变式发售。

第一次发售，杨生团队采用的是"一九裂变式发售"体系。我预计这次能够获得 200 万元的业绩，杨生觉得不可能，因为以前一个产品能卖二三十万元，他就很满意了。但杨生的团队很有冲劲，始终朝着目标努力。

首先，是裂变。我说这次要做到裂变 10000 人，所有人都认为不可能。但我给了参与裂变的人足够的回馈，还让他们选出了一个"卓越青少年传播大使"，最终他们居然裂变了 20000 人。

其次，是发售。12 小时直播+裂变式发售是一九个人品牌创造的独特的发售方式，已经完善了 100 多个 SOP 文件，杨生团队可以直接使用。第一次发售的产品是"伯乐计划"和"千里马计划"私教产品，加起来突破了 220 万元的销售额。

最后，是势能产品发售。又过了一个多月，杨生团队及时发售了"敦煌沙漠研学营"，有 400 人报名，每人 8000 元，一次就完成了 300 多万元的业绩。

在两个多月的实践中，杨生的团队共完成了 500 多万元的业绩。正是通过重新梳理战略方向、构建知识体系、调整产品结构，为最后的裂变式发售打下了坚实基础，才能够取得这样的成绩。

那么，是不是所有做青少年教育的都要这么定位呢？当然不是。我还有一个学员，也做青少年教育，但是我让他做的产品就和杨生的产品结构完全不同。他主要做私教产品，定价为 10 万元。原因有以下三点：

（1）他的年纪将近 50 岁，对于企业经营有更深刻的理解。过去他所接触的客户也都是企业家，因此他的目标对象主要锁定为企业家的孩子。而且年近 50 也不太适合组织户外跋山涉水的活动。

（2）这位学员是一个人在做业务，没有团队。所以他招收学员比较少，一年招收三五十人恰好合适，能够轻松交付任务。一年获得三五百万元的收入，对于他个人来说是非常轻松的事情。

（3）我帮他规划的未来走向是"私塾"，针对企业家群体的孩子，传授的内容有国学、修身、礼法等。一旦"私塾"建立成功，这就是一个上千万元的大项目。

杨生与这位学员的情况不同，所以他们二人一个做精英教育，一个做"私塾"教育；一个走规模化路线，一个走小而精路线。各有优势，又各有所长。

所以，在同一个领域中不能简单地做同样的定位，而要根据每个人的不同特质来进行个性化的定位，才能更轻松地推动自己的事业发展，为社会做出更精准的贡献。

3.2.2　个人定位 3C 分析法

在这里我教大家一套方法，名为"个人定位 3C 分析法"。3C 分析法的核心要素是：分析自己、分析行业、分析对手。

首先，分析自己，找到自己所擅长的和所热爱的。做定位，首先一定要了解自己，千万不要看到别人做什么事情很成功，自己也去跟风。别人之所以选择做那件事情，并且做出一定的成绩，可能是因为他的性格和能力特别适合，可能是因为他特别热爱，也可能是因为他拥有相应的资源条件。

人最难了解的是自己，期望中的自己和现实中的自己往往是有一定差距的。每个人都有自己擅长、热爱的事，只要能够把自己的核心能力发挥出来，就足以爆发出意想不到的力量，把事情做到极致。

其次，分析行业，选择有潜力的行业。一个有潜力的行业能够为自己提供巨大的发挥空间。

最后，分析对手，寻找对手的优点和缺点。对其优点可以学习和借鉴，对其缺点可以尽量避免。

3.2.3　三个成就事件法

那么如何把自己热爱的和擅长的找出来，以便发挥自己全部的热情呢?这里提供一种方法，就是"三个成就事件法"，如图 3-4 所示。

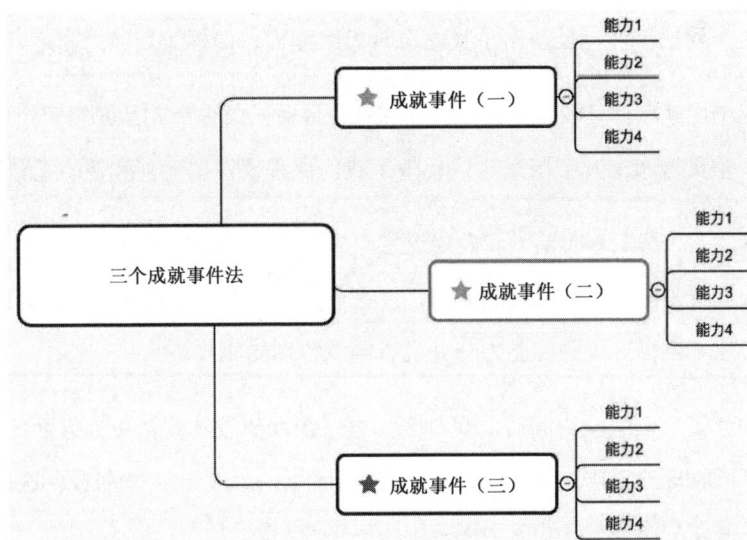

图 3-4　三个成就事件法

三个成就事件法，就是在过往的经历中找到三个让你觉得非常有成就感的事件，通过每个成就事件找出 3～5 个核心能力，然后再找出所有核心能力中重复出现的部分，得出自己的核心能力圈。

有的时候自己以为拥有的能力和实际中展示出的能力是不一样的。拿我自己来举例，我原本以为自己具有很强的管理能力，我曾经管理过团队，带领团队完成年度营业额超过 5500 万元。后来我用三个成就事件法分析自己，发现结果和我原本想的根本不一样。

第一个成就事件，为中国移动的一个市级公司做年终营销策划方案，通过 1 个月的营销传播组合打法，提升了 1.51 亿元的销售额。这个事件反映出了我的营销策划能力、逻辑思维能力和市场把控能力。

第二个成就事件，我在网上开了一个直播间，一年的时间收获了 1000 多万的人气值，同时我的课程"每天 30 分钟写方案，你也可以成为年入百万的方案高手"有十几万人气值，成为全网写方案类课程第一名并签约了 40 多家知识付费平台。这个成就事件，反映出了我的逻辑思维能力、课程策划能力和运营能力。

第三个成就事件，我的个人品牌研习社，目前已成为个人品牌领域独树一帜的机构，学员遍布十几个国家。这反映了我的课程研发、运营和逻辑思维能力。

梳理完三个成就事件后，我发现这三个事件体现的都是我的营销能力、策划能力、课程研发能力和逻辑思维能力，没有一个反映出我的管理能力。这让我非常意外，原本自以为很强的能力却并没有导致特别的成就。

在知道了自己的能力圈后，我刻意加强了课程研发和营销策划方面的能力，而放弃了做管理的工作。如果要管理团队我更倾向于请一个人来帮我，这样我就有更多的时间和精力放在我能力圈范围内的事情上。

那么如何梳理自己的成就事件呢？

每个成就事件，用精练的语言概括为 50～100 字，主要描述这件事情的做法和取得的成就。通过每一个事件梳理出自己的 3～5 个能力，然后再找出在三个事件中重复出现的能力，这些就是你具备的核心能力。

通过个人成就事件得出的往往是基础能力，比如逻辑分析能力、管理能力、同理心、执行力、认同能力、语言能力、文字能力等。通过对这些核心能力的分析，我们就可以判断当下的定位是否真的适合自己。如果语言能力强，我们可以选择销售、演讲、讲师、主持人等相关职业；如果逻辑分析能力强，则可以选择营销策划、市场运营、广告、媒体推广等相关职业。

通过三个成就事件法，我们可以分析判断自己是否具备做一件事情的能力圈。放大自己的优势，把自己的能力发挥到极致，我们做事会更加得心应手，更有利于快速成就事业，而想通过补充自己的短板来成就事业则会非常艰难。

3.2.4　市场分析：找到需求大的上升行业

如果选对了行业，同样的努力可以获得双倍的收益，从长远来看，甚至可能是 10 倍以上的收益。

要选择具有上升趋势的行业，这对职业发展、创业选择和个人品牌定位都十分重要。那么我们如何判断一个行业是否具有上升趋势呢？

第一，是否具有巨大的需求。比如现在亚健康人群特别多，那么未来健康行业应该会呈现上升趋势，而相关的医药、健康设备、健身、瑜伽、中医养生等相关行业，则都会产生巨大的需求；再比如二胎政策放开，那么未来的教育培训需求量也会不断上升。

第二，是否具有高科技含量。比如智能汽车、智能设备、智能家居等行业，随着未来科技的进步，将有可能颠覆传统的汽车、设备和家居行业，从而成为爆发型行业。

第三，是否具有广泛普及的机会。目前互联网已经从 PC 互联网过渡到移动互联网，下一步将进入产业互联网阶段，相关垂直领域的互联网企业大部分将会呈现上升趋势，比如知识付费、线上教育、新零售、互联网金融等。

除此之外，我们还可以应用百度指数查询行业趋势，如图 3-5 所示。

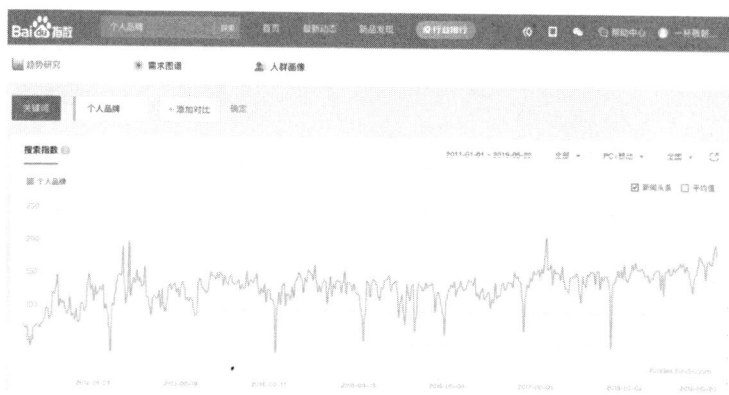

图 3-5　应用百度指数查询行业趋势

假如一个行业市场竞争十分激烈，已经成为红海状态，我们就最好不要涉及那个领域。因为做得好的人已经太多了，新进入这个行业想去战胜原有的人，比较困难。

我们回头来看上文讲述的小 Q 亲子共读的案例，亲子共读很显然有巨大的需求，很多家庭都需要。一个抢占先机的人，只要坚持一段时间，提前打好基础，就可以战胜很多读书会。虽然市场上已经有像樊登读书会和十点读书这样的知名品牌，但是它们大部分都是关注成人阅读，亲子共读还处于空白状态。

3.2.5 客户群体分析

做定位，就要找到最有变现价值的位置，在客户群体分析上同样要遵循这个原则，找到高价值的客户需求，为高价值的客户需求服务。

亲子共读，在不在高价值区呢？显然在。中国人在孩子学习这件事情上非常舍得投入。在深圳，随便报一个学习班都要几万元。如果能让孩子从小养成爱读书的习惯，很多家长愿意出高价加入这个读书会。家长可能只愿意为自己付几百元去学习读书，但是却愿意花几千乃至几万元让孩子学会读书，中间的价格相差十倍甚至上百倍。

做产品的 Logo 设计与海报设计、网页设计相比，肯定是高价值区。因为一张海报的使用时间可能是一个月或者一周，但是产品的 Logo 一旦确定，就会使用数年甚至 一直使用到这个产品的生命周期终结。Logo 承担着一个品牌的传播功能、形象功能、联想功能甚至销售功能，所以 Logo 设计是高价值区。

樊小姐是一个健身教练，能带团课、操课、私教课还有产后修复课。她同时兼顾几种课程，每日疲于上课，很多时候回家已经夜里 11 点多，盈利却并不是很理想。更重要的是，她发现自己的体力越来越差。作为一个健身教练，如果自己的精力不佳，又如何吸引到学员？

经过对团课、私教课和产后修复课进行对比，她把自己的定位聚焦在产后修复这个高价值区。产后修复的私教课，一节课的价格是 600～2000 元不等，而普通的健身私教课只能收取 200～600 元且竞争非常大。虽然产后修复对技能要求更高，但是这点对一个健身教练来说并不是难题。一个小小的定位改变，能够让她用同样的时间提升 2～3 倍的收益。

健身行业的体形矫正就是具有非常高价值的一个细分领域。现在都市人忙于工作，如果坐姿不正确，脊柱就非常容易变形。我去健身房时看到很多人咨询这方面的问题，有的人因为脊柱变歪，去医院做手术可能要花 10 万元，更重要的是手术的风险太大。2000 元一堂的私教课，对丁这类客户而言非常具有吸引力，体形矫正是一个名副其实的高价值区。

小结

> 每个人都有自己的天赋，有自己擅长做的事情，你的任务就是找到它。找到自己擅长做的事情，就能让自己的小宇宙爆发出来。
>
> 3C 分析法是定位的战略分析工具，能够让你清晰地找到个人定位，做能产生高价值的事情，获得更高的收益。
>
> 三个成就事件法，是基于感性层面的分析；市场和客户群体分析则是基于理性层面的分析，感性和理性分析需要紧密结合才更有利于做出精准的个人定位。

思考

> 你最擅长的是什么？你目前的定位符合热爱、需求量大、高价值、刚需这 4 个维度吗？

3.3 定位体系打造要素

定位，是打造个人品牌的第一步。定位定天下，定位才能定心。

3.3.1 如何找到成为细分领域第一的定位

通过 3C 分析法和三个成就事件法，你已经找到了自己热爱的、高价值的定位。下面我们来探讨一个让你的收益再增加数倍的定位法则，找到你可能成为第一名的细分领域。

第一名的影响力是最大的。我们记得的永远都是冠军，很少记住亚军，尽管他们之间的差距可能只有毫厘。

第一名的收益也是最大的。虽然第二名和第一名之间的差距有时只有几个百分点，但是很多行业第一名的企业收益都相当于第二名收益的 10 倍，超过第二名到第九名的收益的总和。

第一名往往是做得最轻松的。这是因为在一个大的领域中，第二名不仅要与第一名竞争，还要与第三名到第一千名竞争。而在那些关注人数非常少的细分领域，只要你抢先占住第一名的位置，其他人就很难取而代之。所以细分领域的第一名做起来比大领域的第二名更加轻松，也更加容易成功。

小红书上有一名育儿专家，经营了多年都没有太大的成就。直到后来有一天，她开始关注一个很小的细分领域：0~3 个月婴儿的睡眠。以前根本没有人定位这个细分领域，她第一个站出来说：我只关注 0~3 个月婴儿的睡眠。没过多久就吸引到了 200 多万粉丝，而且是非常精准的忠实粉丝。

0~3 个月婴儿的睡眠，是妈妈们特别关注的一个问题，也困扰着很多新手妈妈。这个问题不解决，妈妈们整夜睡不着觉，更重要的是会影响婴儿的发育。这个领域不仅是高价值区，也同样是刚需，所以虽然仅仅是 0~3 个月婴儿睡眠的细分领域，这位育儿专家却获得了 200 多万"铁粉"，成为这个细分领域的第一名。

现在社群营销非常火爆，有很多人说自己是社群导师，也有不少人说自己是社群营销第一人。但很多人对社群营销第一人究竟是哪一位持怀疑态度，想要真正成为第一人的难度也非常大。而如果选择社群营销的一个细分领域，就非常容易打造出第一的个人品牌。比如说餐饮行业的社群营销第一人、实体店的社群营销第一人、幼儿教育行业的社群营销第一人等。

深圳有一个专门为教育行业招生做社群的人，他做得非常好，受邀去给很多教育机构讲课，还享有招生代理权。他出的书直接定价 200 元一本，即便如此，该书在特定的读者群中也非常畅销。

所以每个细分行业都可以出现"第一人"。除了行业细分，其实还可以做技能拆分。很多技能，都可以按照行业甚至具体环节来拆分。

比如社群营销可以分为很多环节，写社群营销文案、设计社群营销海报、做社群营销软件和社群营销小程序等。任何一个行业的技能都能在不同环节中拆分成多个不同的小技能，每个小技能都可以作为打造个人品牌的细分领域。

有人可能会说，即便是这么细分，我还是做不到第一。没有关系，如果你无法做到全国第一，那就做本省第一；如果你无法做到本省第一，那就做本市第一；如果你无法做到本市第一，那就做到县城第一。

中国有 30 多个省、自治区、直辖市，600 多个市，1600 多个县城。不要感觉一个县城很小，有很多细分领域的生意，只要做好县城第一，轻松年赚千万元，这样的例子不胜枚举。

一旦在细分领域做出一定的知名度，就非常容易形成自己的影响力。因为在这狭小的领域，很少人和你竞争，大部分人会锁定一个大的行业。

深圳一家照相馆写了这样一句广告词："今年最重要的事情之一就是拍一张拿得出手的形象照。"很多讲师、微商、CEO 去拍照，就是为了树立自己的形象。

虽然它选择的是摄影这个领域中的一个狭小版块，但是客户需求量非常大，做起来也非常简单，无须像婚纱摄影一样准备大量的服装和道具。目前这家照相馆已经成了这个细分领域在深圳的第一名，有很多人等着加盟这家店。

📣 **小结**

第一名的收益很多时候是第二名收益的 10 倍，超过第二名到第九名收益的总和。

中国目前有大量的细分领域没有第一名，未来最大的红利市场不是流量市场，而是细分领域市场。做到第一是打造个人品牌的终极目标，如果无法做到行业第一，那就做行业中的细分领域第一；如果不能做到细分领域第一，那就做细分领域中细分技能的第一；如果不能做到任何一个细分领域的全国第一，那就做其中一个小城市的第一。

👓 **思考**

你所在的行业，有哪些细分领域没有第一名，是否有机会进入？

3.3.2　如何通过使命和愿景驱动定位成功

工地上有三个建筑工人，他们在共同砌一堵墙。这时，有个孩子从旁边经过，好奇地问他们："你们在干什么呀？"

第一个建筑工人头也没抬，没好气地说："我们在砌墙！"

第二个建筑工人抬起头来告诉孩子："我们在盖一间房子。"

第三个建筑工人一边干活一边唱歌，他热情地对孩子说："我们在盖一座美丽的花园，人们会在这里幸福地生活。"

第三个工人是对未来充满美好憧憬的人，他带着美好的使命，建造一座美丽的花园，希望人们能幸福地生活在这美丽的花园内，所以他并不觉得做建筑工人很辛苦。怀着这样的使命和愿景工作的人，对生活充满希望，在遇到困难时会更加坚定,迷茫与焦虑的时候也会比较少,他们终将达成自己美好的愿景。

使命是用来回答我为什么而存在的,是打造个人品牌的理由。使命是发自内心地向世界宣告,自己准备在哪方面为这个世界做出贡献。使命确定了个人的发展方向,并定义了自己打造个人品牌的性质。

愿景是用来回答未来会做成什么样子,是对未来的设想和展望。愿景提供了一个清晰的发展目标和未来图景,告诉自己将要走向哪里。

打造个人品牌,就是把自己当作一个企业来经营,自己是自己的 CEO,要像企业一样确定使命和愿景,但不需要像企业制订使命和愿景时那样复杂。我们可以更加简单,直接用一句话描述出使命和愿景。

这句话的模板就是:帮助多少什么样的人达到什么样的美好结果。

定位于亲子共读的小 Q 给自己树立了一个愿景:帮助 100 万个孩子从小养成爱读书的好习惯。原本为了赚钱而写文章的她,现在意念一转,变为帮助 100 万个孩子。每当她想到这个愿景就觉得充满力量,心态发生了本质的变化,人生有了巨大的成就感和满足感。定位于瑜伽导师的如意给自己树立的愿景是:帮助 1 万人通过瑜伽练就健康好身材。

而我自己,定位于个人品牌战略规划师,我给自己树立的愿景是:用一生的时间影响 1000 万人打造个人品牌,提升个人价值。有了这个愿景,我感到未来特别美好,每一天都阳光明媚,空气清新,能感受到自己存在的价值。我会每天通过各种自媒体输出内容,期望帮助更多的人找到清晰的定位。

为什么打造个人品牌要有使命和愿景?

第一,符合"道"的法则,利他之心得到更多。

老子说过,"天之道,利而不害;圣人之道,为而不争。" 意思是自然规律有利于万物而无害于万物，圣人的做事法则是为他人做事而不去争夺利益。坚持这种做事法则的，有一位非常伟大的企业家——稻盛和夫，他一人创办了两家世界500强公司，他倡导的"无我利他"原则，正是出于"道"的法则。

老子还说过，"夫唯不争，故天下莫能与之争。"这句话的意思是说，正因为不与人争，所以天下没有人能与他相争。不争之人，只要全心做有利于他人的事情，反而会得到更多。以有利于他人的心态制订愿景，就会减轻得失之心，让自己充满正能量，全力以赴地持续投入，结果往往会更好。

有一天，瑜伽师如意突然打电话给我说，自从她给自己制订了一个愿景后，仅仅2个多月的时间，她的瑜伽馆从月月亏损转变为月盈利5万元。她还说自己与老公、孩子的关系也得到了很大的改善，全家人都觉得最近几个月非常幸福，整个家庭的氛围特别温馨。

听了她的话，我反问她树立愿景和家庭幸福有什么关系。她与我分享，她以前想的只是如何发展事业、如何赚钱，现在则是站在别人的角度思考问题，一切反而开始顺利起来。

以全然的利他之心去做事，会得到更好的结果。一念天堂，一念地狱，心态变了，人生和事业都会有180度的大转弯。

第二，让生活充满希望，减少迷茫与焦虑。

很多人打造个人品牌，是为了赚更多的钱，欲望压得自己喘不过气，一旦达不到赚钱的目标就会失望和焦虑。但是，一旦以帮助他人之心树立美好愿景，就会激发自身的能量，全力以赴去完成自己的工作。看到受帮助的人取得美好结果而获得的满足感和成就感，会进一步激发自己更加认真地做事，不会迷茫与纠结。

第三，吸引一些优秀的人和你一起前进。

每个人都对美好的事情充满憧憬。当我们走上事业发展的道路时，你的美好愿景会让你散发出非凡的个人魅力，即便付不出更高的薪水，也有人愿意跟随你一起前行。

同时，我们也要避免掉入树立愿景的误区。

第一，量力而行，不要让愿景变成一场空想。

有人期望帮助百万人，有人想要影响千万人，但是制订愿景时无须模仿别人，只要符合自己的情况就好。即便自己的愿景是帮助 100 人，那也很好，不也是一件幸福愉快的事情吗？

对于愿景，我们可以分阶段去完成，比如分为 3 年、5 年、10 年几个阶段。在影响力不足时，先树立一个小愿景，不要给自己太大压力，更不要让愿景看起来过于高大空，而沦为一场空想。

第二，发自内心，不要让愿景变成赚钱目标。

个人品牌的愿景和使命，都是站在他人的角度思考，一旦变成计划和目标，性质就改变了。计划和目标可以单独去做，而且应该详细制订，但是它们和愿景有本质区别，不能混为一谈。当目标和愿景发生冲突时，不忘初心，方得始终。

小结

有了愿景和使命，人们的生活会发生翻天覆地的变化。一念天堂，一念地狱，心态变了，人生和事业都会有 180 度的大转弯。

树立愿景要站在利他的角度，越利他就越利己，"夫唯不争，故天下莫能与之争"。不去挖空心思争取，反而会得到更多。

思考

写下自己的愿景吧，让自己的事业多一点意义。

3.3.3　如何写一个能吸引人的标签

标签就是让他人一看就知道你的定位是什么，你是做什么的，你有什么价值。一个成功的标签一旦被展示出来，别人就会受到吸引。那么如何写出一个吸引人的标签呢？

1. 加定语

如果你是一名健身教练，可以把自己的标签写成"××健身连锁高级教练"；如果没有在健身连锁机构，那么可以写成"××国际认证健身教练"；如果没有获得认证，你还可以自己创造一个理论，比如叫"3S 系统健身教练"。加定语能够给人非常正规和系统的感觉。

如果你是做品牌咨询的，可以结合自身特点写成"国际 4A 公司品牌咨询师"或者"世界 500 强品牌咨询顾问"等；如果你的定位是餐饮行业，就可以写"餐饮行业品牌咨询师"。比如我自己有一个标签是"个人品牌战略顾问"，"战略顾问"四个字能够传达更高维度、更专业、更系统的感觉。

2. 加数字

高大上的头衔满大街都是，随便一个人拿出名片便是 CEO、董事、会长，人们对这些头衔已经司空见惯。

然而在互联网的传播过程中，真实的数字是非常具有杀伤力的，能够迅速获得客户的认可。比如有一名社群运营操盘手，他给自己加的标签是"800 万社群运营操盘手";有一位文案导师,他给自己加的标签是"120 万粉丝文案导师";还有一位个人形象顾问老师,她的标签是"300 亿市值上市公司形象顾问"。

小结

如果你要面对 1 万个人,你不可能向每个人解释你是做什么的,他们认识你最快的方式,就是通过你的标签。标签是对外传播的旗帜,能让更多的人在最短的时间内认识你。

思考

你目前的标签有杀伤力吗,要不要重新写一个标签?

3.3.4 如何打造值得信赖的信任背书

背书是借助第三方的力量或自己的成果来证明自己的实力。

客户购买一件商品,是有一个决策过程的,从知道到有兴趣、到获得信心、再到最后决定购买,是一个心理认可的过程。想要让客户获得购买信心,就需要你有足够的证据能证明自己的实力,信任背书就是最关键的一个环节。

比如,你去医院就诊时,为你看病的医生办公室里挂了 20 面锦旗,你会想:这个医生可能有些水平,不然不会有这么多人赠送锦旗;但是你可能也会思考,这些锦旗是不是真的?而正当你怀疑的时候,医生拿出了北京大学附属医院的特聘证书,说自己曾经在那里服务过 20 年,这时你的心里立即又增加了一份信任感。

你坐下来让医生帮你看诊,这时有 3 个病人从外面走进来,他们拿着一大包礼物,感谢医生治好了困扰自己十多年的疾病,所以他们带着家乡最好的特产来感谢这个医生。此时，你是不是对这个医生的信任感增加了很多？信任是一步一步建立的。

我们为什么信任身边的朋友？一定是因为朋友做过许多次靠谱的事。

比如，你曾经让你的朋友帮你做一份文件，那份文件确实有难度，但是他一个晚上就帮你搞定了。为了表示感谢，你约他吃饭，结果你迟到了两个小时，他没有任何怨言，而是拿着一本书津津有味地一边看一边等你。再后来，因为你手头紧张，需要借两万元钱周转一下，你向周边十个同事开口都没有借到，可是他听说你的困难后，立即转了两万元给你，还主动问你够不够用。

经过这三件事情，你会觉得他是个靠谱的、值得信赖的朋友，只要是他向你推荐的产品，你总觉得应该是好产品，就会毫不犹豫地下单购买。信任就是这样通过几件事情累积起来的。

如果要让陌生人信任你，你不可能通过几年的事件累积，所以此时你要把以往做过的事展示给对方看，或者让对方身边信任你的朋友替你说几句好话，这样就能迅速获得陌生人的信任。

当然，打造信任背书，绝不是让你造假，而是把自己好的一面展示给那些不了解你的人看，让他们了解你的真实实力。

互联网时代，人与人之间更多的是"弱关系"，就是不会经常联系、不会经常见面甚至从未见面的关系。如果你有 10 万个粉丝，其中可能只有 100 个粉丝能够见面聊天，而另外 99900 个人都是没有见过面的，那么如何让他们了解你的价值？仅凭一个标签是不够的，你需要拿出证据向他们证明你有这个实力，他们才会主动地把你介绍给更多的人。

信任背书与标签不同，标签主要是告诉客户你是做什么的，一旦标签被客户接受，客户就会把你当作一个备选项；信任背书才是让客户做出决定的关键因素。

如果你是一个营销咨询师，为世界 500 强公司服务多年，那么你就可以说是"世界 500 强公司咨询师"；假如你服务的是上市公司，就可以说是"上市公司营销咨询师"；如果你曾经和雷军同台演讲过，你就可以说是"和雷军同台演讲的营销咨询师"。这些都是通过借助第三方的力量来证明自己价值的方法。

为什么要给自己找背书？

第一，增强信赖感，提升服务价格。

当自己还没有足够影响力时，信服力往往不够。即便自己的实际水平很高，但是由于客户不知晓，就很难提升自己的服务价值，因此需要通过第三方来证明自己的实力。通过找背书的方式，让第三方间接地帮自己推荐，提升自己的价值感和服务的价格。很多品牌请明星代言人就是这个道理。

第二，扩大影响力，获得更多粉丝。

做人我们讲究要低调，要谦虚，但打造个人品牌，则需要不断扩大自己的知名度，把自己的实力展示出去，以获得更大的影响力。影响力就是生产力。

我们应该如何为自己寻找背书？这里有 9 个方法分享给大家。

1. 自己的成功案例或是细分领域的重点事件

有一些人总想通过别人来证明自己的实力，其实用自己的案例来证明才是最有说服力的。我们只需要把自己过去成就事件中成就的内容，以数字和文字的形式写出来展示给别人就可以了。

很多医生非常善于运用这一点。比如很多医生的办公室都会挂一些锦旗，有一部分锦旗上会留下患者的名字；而有的医生会把他们成功治疗的案例，以故事的形式展示出来。这些都属于展示自己的成功案例，也就是为自己背书的一种形式。

再比如说有的健身教练会把客户减肥前和减肥后的照片展示出来，通过这种方式向客户证明在他这里减肥、健身可以达到很好的效果。有的人健身不是为了减肥，只是为了塑造好身材，那么教练可以针对性地向你展示从弯腰驼背变为健身后的亭亭玉立或肌肉发达的照片。通过这种强烈的对比向你证明他能帮助客户达到这么好的效果。这也是用自己的案例作为背书。

如果你在细分领域获得了很大的成就，一定要写出来。假如你是一名保险销售，你可以说自己是全中国这个领域做销售最厉害的人，一年一个人的业绩可以抵 50 个人，而且是领域内最快做出这个业绩的人。

可能大部分的人无法做出这么好的业绩，那么如果你不是全国第一，你可以说在你们公司达到了第一；如果不是公司第一，你可以说在你们公司的北京分公司达到了第一；如果都没有，你还可以说自己在 2019 年的第 1 个季度拿到了第一，并且获得了集团公司董事长的点名表扬。

总之，你一定可以为自己找到一个"第一"作为让人信服的案例背书。

2. 为知名企业或国际组织工作和服务过

当我们听说某人是腾讯公司的前产品总监，我们会觉得这个人很厉害；或者当我们听到有人说自己是世界 500 强公司的高管时，我们也会觉得这样的人很厉害。这种方式就是借助知名企业或是组织来提升自己的背书。

比如你是一名设计师，你为中国移动的一个分公司提供过一次设计稿，那么你可以写自己是世界 500 强公司的服务设计师。在这一点上你并没有说谎，你真的做过这样一次服务，虽然这次服务是非常浅的合作，但它确实是一个事实。

如果你想把这个背书做得更强，你就要为这些世界 500 强公司提供更多服务，不断地提升自己的实力。我相信在你为多个世界 500 强公司提供服务后，你的设计水平也会得到更好的提升。

中国有上百家世界 500 强公司，它们的分支机构分布在全国各地，你可以充分地利用这些分支机构为自己背书。而且中国的上市公司有好几千家，你也可以找到机会为这些上市公司服务，从而将它们作为你的背书。

3. 与知名人物合影、合作或为他们服务

我有一个朋友特别擅长找名人合影，他经常在香港的一些圈子里进行社交，比如酒吧、party 和宴会场所等。他会在这些场合找机会与明星合影，并上传至朋友圈。当我们看到他的朋友圈时，都觉得这个人特别厉害，认为他可能是上流社会一个非常有名的人物。他将合照发到自己的朋友圈，让很多人觉得他跟这些明星的关系很好，其实这也是背书的一种方式。

在打造个人品牌的过程中，你可以借助名人的力量提升自己的知名度，这是一种非常有效的方式。你可以找准机会替一些明星、名人、大咖、企业家提供服务，甚至必要时可以采用免费的方式提供服务，只为了你可以把这些名人背书放到你的个人简历里。

4. 邀请知名人物或知名企业成为自己的合伙人

这种背书方法是很多创业者常用的方法。比如说邀请一家世界 500 强公司投资，哪怕他只占了 1%的股份，创业者都可以名正言顺地写上公司的合伙人有某家知名公司。

假如邀请一个明星成为公司的合伙人，这时创业者就可以借助明星的影响力不断地宣传自己的公司。当然在宣传的过程中一定要注意底线，比如说在使用明星的形象时，要特别注意不能侵犯肖像权，尤其是知名的人物，除非你得到了允许。

5. 出一本书，获得大众知名度

出书是打造个人品牌非常重要的手法之一，也是从古至今许多名人惯用的方式。在跟潜在客户见面时，假如你拿出一本自己出版的书籍，会比发一张名片更具有可信度，客户也会对你另眼相看。因为目前为止，能够出书立著的人还是非常少的，在知名出版社出书的人更是不多。

出书不仅能获得背书，还有以下几点好处：第一，在写书的过程中，你会不断地梳理自己的知识，反复思考、推敲，这是一个对自己的思维和逻辑进行整理的过程，最终将其系统地打造为一个知识体系；第二，能在书籍销售的过程中获得更多的粉丝；第三，书中所阐述的观点，会影响到更多认同你的粉丝；第四，能获得更高的价值感。

6. 做一个百度百科，发布新闻稿

你可以在百度上把自己的名字注册成为一个非常完整的百科资料，同时你参加的一些重要活动，都可以以新闻稿的形式在网络上发布。这样当别人在网上搜索时能搜到很多关于你的信息，自然会增加别人对你的信赖感。

我曾在郑州讲课时，刚做完自我介绍，就有个学员说他刚刚上网查了我的资料。由此可见，当你在公开场所发表演讲时，听众不仅会听你现场讲了什么，可能还会搜索你以前做了什么。

7. 获得一个好头衔

某人是某大学的讲师，这就是他（她）获得的一个头衔。大学讲师和大学教授的身份能够给别人一种特别的信赖感。有的人可能没法获得这样的头衔，但是如果获得了其他机构的头衔，比如某商会的副会长头衔，某公益组织机构的头衔等，也都是好的头衔。

8. 获得专利证书或学历

假如有机会，你可以进一步提升自己的学历，获得硕士学历、博士学历对身份提升都非常有利。假如你不能获得这些学历，你也可以通过获得一些证书和专利来证明自己。

比如你是一名营销人员，你可以获得"国家高级营销师"证书；如果你想从事心理咨询，你可以去考取心理咨询师的专业证书。这些证书对客户来说非常有参考价值，他们能通过这些证书提高对你的认可度。另外，你申请的专利也能够提升你的价值。

9. 制造事件

有一名瑜伽老师，她实在找不到让人一听就信赖的背书，于是想了一个办法。她先去了长城，在长城上练了 100 天的瑜伽；然后又去了埃菲尔铁塔，在旁边练了一个星期瑜伽；之后又去了埃及的金字塔，在金字塔旁边练瑜伽……她把自己在各地练瑜伽的照片集合起来发布到网上，把自己的标签更改为"在全世界十大知名景点教瑜伽的老师"。这个背书就让人觉得特别新鲜，而且也非常有效。

以上就是打造个人背书的 9 个方法，在这 9 个方法中，只要你能选出 3 个左右就够用了。当然，除此之外还有更多方法，你也可以自己去寻找和运用。

当我们在寻找背书的时候，有三点需要特别注意。

第一，这是一个逐渐打造的过程，没有人生下来就有背书，你需要不断地增加自己的资历。

第二，不要把自己所有的背书都堆积上去，否则别人很可能会觉得你做的事情杂乱无章。你只需要展示最能证明你实力的 3～5 个事件即可。

第三，背书要真实而不能虚假。人们可以接受一个朋友的能力普通，但不能接受他常常做出虚假的事。同样，做个人品牌背书，你可以展示自己的实力，甚至可以把沾边的事都写进去，但一定要确有其事，决不能弄虚作假。

小结

互联网时代是弱关系时代，若想要获得更多人的信任，你需要把你的成就展示给他们看。展示给别人看，不是自吹自擂而是彼此的信息交换，是加深了解的过程。

知名度高代表更多的人知道你，美誉度高代表更多人的信任你。知名度给你更多的机会，美誉度给你更高的效率。

思考

你如何写出三个最有价值的信任背书？

3.3.5　如何塑造价值百万的个人形象

个人形象是外表、行为、动作或图片给别人带来的整体感觉。为什么打造个人品牌需要特别关注自己的形象？有如下三个原因。

第一，先成为，后作为。

先成为自己想要的样子，然后把它变成现实，这是一种颠覆性的思维方式。穿得像一个成功人士，然后才能变成一个成功人士。别人看到你穿衣很有品位，可能从一开始就比较容易认可你，更重要的是你自己也会更认可自己。你的心理会逐渐发生变化，变得更加自信。自信的人，往往更容易获得别人的认可，也更容易获得更多的资源。

第二，你的穿着就是你的形象。

与一个陌生人见面，别人对你整体印象的感知只需要 3 秒钟，而且这个印象非常难以改变。人际交往的第一关就是外在形象得到别人的认可，然后才有机会在交往的过程中让对方发掘你的内涵、你的专业、你的人品。不管怎样，首先得让自己有一个良好的开始，没有这个开始，就很难进入下一步。

有的人可能会举乔布斯、雷军发布会上都穿牛仔裤的例子，说：我就喜欢自由的样子，我就觉得这样穿很舒服。但是我们要知道，那些已经成功了的人当然可以不那么注重自己的形象，甚至很多粉丝会去模仿他们的风格；然而一个人在没有任何影响力时，个人形象是至关重要的。没有成功前，要让自己稍微高调一点，成功后才可以让自己低调一点。

第三，节约沟通成本，让别人 3 秒就愿意跟你交往。

通过外表，别人一眼就能够看出你是做什么的，这样可以节约双方相互介绍寒暄的时间成本。

比如，你身穿厨师的衣服，头戴高顶的厨师帽，别人通过你的装扮就会知道你是一个厨师。而如果你是一名讲师，想要让别人快速认识你，最好的方式就是穿西装打领带。即使是非正式的培训课，你至少也应该穿着略显正式的服装，因为你是一个职业讲师，你应该为自己的职业而穿。

那么，我们打造个人品牌应该如何快速提升自己的形象？

第一，找专业的照相馆拍一张拿得出手的头像照。

移动互联网时代与过去不一样。过去线下见面，别人都是通过你整体的穿着打扮来评估你的形象，而现在，大部分人都是通过头像来获取第一印象的。如果你有 10 万名粉丝，其中很可能有 99900 名粉丝都是通过你的头像来第一时间认识你的。所以移动互联网时代，头像照是体现个人形象的门面。

第二，找专业公司打造一款最适合的穿衣风格。

怎样才能找到最适合自己的穿衣风格？这是一个专业的领域，需要你花费时间和精力去学习，最方便、最省时的方法就是直接找专业的服装定制公司来完成。他们会根据你的职业、身材、身高、肤色为你量身定制。你甚至可以去找一名个人形象咨询师做一次专业的咨询，让你的服饰传达你独特的个人品牌魅力。

乔布斯就非常擅用外在形象去塑造个人品牌。他永远都是牛仔裤加上黑色的套头衫，修剪得非常贴合脸颊的胡子和极短的发型，辨识度极高。他把自己打造成一个超级符号，他的形象本身就是一个超级 Logo，以此塑造了自己的个人品牌。

在打造个人品牌的过程中，我们的外在形象尽量保持统一的风格，这样是最容易让别人记住的。

第三，找发型师设计一款清爽的发型。

直接请一名高级发型师为你量身设计一款发型，建议不要让自己的头发全部遮住额头，要让额头露出来，给人一种精气神十足的感觉。

一旦你的发型设计出来，就最好经常保持这样的发型。女生往往想不时更换自己的造型，这当然可以，但是在网上宣传自己时，一定要保持一个相对稳定的形象。

🔈 小结

你的穿着就是你的形象，别人无法一眼看到你的内涵，他们只能先通过你的外表了解你。打造良好的形象，是最节约成本的沟通方式，不要让别人浪费时间去猜想你的身份，而是通过形象一秒就能看出你的身份。

先成为、后作为，你先穿得像某种人，然后你才有能量变成那种人。

你的头像就是你在互联网上的个人品牌 Logo，头像是你展示自己最多的、最有代表性的广告，请专业摄影师拍一张拿得出手的照片并保持长时间不变，让你的粉丝认识你的脸。

思考

你目前的互联网形象和线下形象需要调整吗?

本章总结

定位不单单是给自己一个标签，更是一套完整的系统。我们把它称为定位金字塔系统，共有定位、愿景、标签、背书、形象五个层面，如图 3-6 所示。

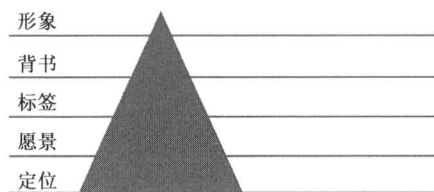

形象
背书
标签
愿景
定位

图 3-6　定位金字塔系统

定位有两个重要法则，3C 分析法和三个成就事件法，让你找到自己擅长的、热爱的高价值定位。如果你对自己有更高的要求，本章总结了打造细分领域第一名的方法，未来细分领域将是巨大的红利区。

用一句话写出你的愿景，就是帮助多少人达到什么样的美好结果。愿景会给你更大的动力和幸福感。

标签与背书是需要逐渐打磨的。

个人品牌形象，就是你的穿着和你的照片，保持统一的风格、最佳的形象，让更多人记住你。

本章思考

如何做出一个完整的个人品牌定位金字塔？

第 4 章

知识体系：构建个人品牌的知识树

打造个人品牌需要我们有一定的知识体系作为支撑，本章将与大家分享知识体系中涉及的各种问题，以及如何打造知识体系。

4.1 知识体系构建

知识体系是为了解决某一领域的问题而构建的一套方法论，每个人都能做出一套自己的知识体系。

4.1.1 什么是知识体系

在我农村老家有一个医生，他的诊所面积不超过 50 平方米，但是经营几年后，他在我们镇上建了三栋楼房，还在县城买了一套房子。而诊所对面的超市，面积超过 300 平方米，店主每天起早贪黑地工作，早上 5 点就去进货，但是赚的钱远远不如诊所的医生。

这个医生并非名医，能治疗的病也只是感冒发烧、头痛伤寒之类的小毛病，那为什么 50 平方米的面积收益比 300 平方米的面积收益高呢？这是因为他有一套能让病人重获健康的看病方法论，也就是治病的知识体系。

各行各业都有其相对系统的知识体系。法律行业有为了解决婚姻问题而构建的知识体系，也有为了解决劳资纠纷而构建的知识体系；营销方面有一套关于营销系统的知识体系；管理方面有关于如何担任 CEO、如何管理企业的知识体系。拥有完善知识体系的人，能系统地解决问题，他们的收益也比没有知识体系的人更高。

最近两年知识付费领域兴起，数百万讲师在线上讲授并销售课程，他们开发了更加细分的知识体系，比如发朋友圈的知识体系、提升自信心的知识体系、读书的知识体系、做社群营销的知识体系、写文案的知识体系等。这些细分领域的知识体系可以开发线上微课，也可以开发社群训练营，两年间成就了大批普通的人，让他们一夜之间从月入几千元成为年入百万乃至千万元的超级个人品牌。

📢 小结

普通人打造个人品牌，可以从最小的知识体系做起，只要能够帮助客户系统地解决问题，就是一套理想的知识体系。

📖 思考

你以前思考过要打造自己的知识体系吗？

4.1.2　为什么要构建一套知识体系

首先，知识体系是个人品牌最核心的内容。

我们都知道很多名人、"网红"，并认为这些人的个人品牌很厉害，但其实个人品牌真正具有核心价值的是它的知识体系。有的人知名度很高，甚至名声享誉世界，但是他们并没有自己的核心理念，随着时间的推移，将会被人们遗忘。

苏格拉底为哲学研究开创了一个新的领域，使哲学"从天上回到了人间"，构建了一套探讨人生目的和善德的知识体系。对于这样伟大的人物，虽然已经过去 2000 多年的时间，但是我们现在仍然能够记得他。虽然我们都不清楚他的外表，也没有听过他的声音，更不知道他喜欢穿什么衣服，但是我们仍然尊敬他，因为他构建了一套完整的知识体系，为我们解决了很多人生困惑。

如果你想创业，想成为企业家，也同样需要一套知识体系。比如我们在第一章提到过的雷军，他就有一套互联网思维的知识体系。

巴菲特也有一套关于价值投资的知识体系，这个知识体系帮助他从一个普通的投资者，成为在 2008 年登上福布斯排行榜的世界首富。这一套知识体系不仅他自己在使用，也让全世界无数做价值投资的人纷纷学习，也因此吸引了很多人把钱投入到巴菲特的伯克希尔－哈撒韦公司。

作为一个普通人，要打造个人品牌，知识体系是非常重要的内容。每一个普通人，都可以构建个人品牌知识体系，进而提升个人价值。如果你是治疗颈椎病的医生，可以开发一套颈椎病康复的知识体系，帮助客户获得健康；如果你是瑜伽教练，可以开发一套办公室 5 分钟瑜伽知识体系，让忙碌的白领们通过简短的健身保持精力充沛。任何一个细小的领域，都能做出一套有用的知识体系，也能帮助你获得巨大的收益。

其次，碎片化的知识无法形成核心竞争力。

碎片化的知识也许能够解决某一个具体而微小的问题，但是没有办法形成自己的核心竞争力。比如在职场上，一个人如果只能做一些零散的工作，没有一套完整的知识体系去解决问题，他的核心竞争力就不够强，获得的待遇也会非常低。

相较而言，一个程序员用程序开发的知识体系，帮助企业完整地开发一套程序；一个 CEO 用一套管理方法，解决企业发展中的大部分问题；一个销售经理用一套销售体系，带领团队，把企业的业绩做得更好，他们的收入就非常可观。

再次，知识体系能够让自己更加自信。

大部分人的自信来源于自己的能力，所以有一句话叫作"艺高人胆大"。当自己拥有了一套知识体系，无论在任何场合，面对任何人，都能从容面对。知识体系让自己在市场竞争中树立高壁垒，在市场中占据有利的位置，以此获取高价值的收益，同时也能够增强自己的信心。

最后，知识体系能够不断提升自己的认知。

人与人之间的竞争本质就是认知的竞争。一个人在构建自己知识体系的过程中，需要不断地对行业知识进行收集、整理、拆分、填充，甚至在现有知识的基础上进行再创造，同时也能在不断深度学习知识和构建体系的过程中，加深对这个行业及领域的认识。

小结

成功的个人品牌都有一套完善的知识体系，伟大的企业家需要，每一个想要成就个人品牌的普通人也需要。知识体系能够极大地提升自己的核心竞争力和自信力，同时也能加深自己对行业的认知程度。

思考

打造一套知识体系对你自己有什么帮助？

4.1.3　知识体系的种类

知识体系可分为两种，一种是理念型，另一种是应用型，如图 4-1 所示。

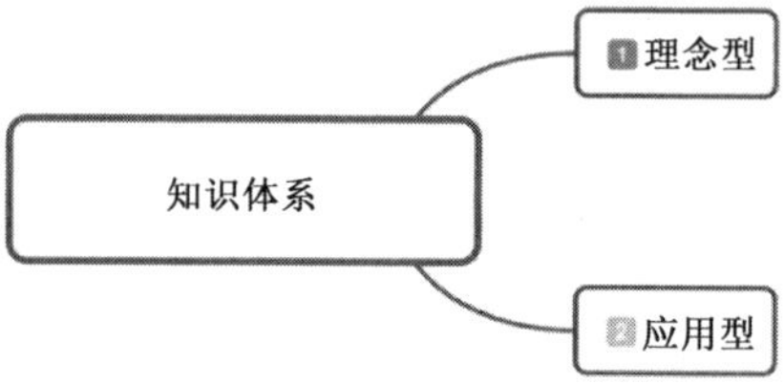

图 4-1　知识体系的种类

理念型的知识体系更有深度，对思考、研究、逻辑推理、试验等能力的要求甚高，比如"相对论""万有引力定律""黑洞理论""量子力学""时空弯曲"等。这些知识体系对普通人来说难度太大，同时并不能马上应用，而是需要发展成应用型的知识体系才能实现市场化。

应用型的知识体系，则是马上可以拿来应用，并且能很快实现价值、兑现成经济效益的。比如美容健身、产后修复、体形矫正等；再比如营销类的知识体系中的定位理论、爆款法则、超级符号、4P 理论等，这些是在实践中总结出来的，也具有非常强的实用性。

4.2　知识体系打造

知识体系是打造个人品牌的核心内涵，也是最难的一部分，灵活掌握知识体系中的各项专业内容有利于我们快速打造知识体系。

4.2.1 如何打造一套知识体系

构建一套自己的知识体系，需要一种具有突破性思维的逻辑结构，这种逻辑结构分为三个步骤，如图 4-2 所示。

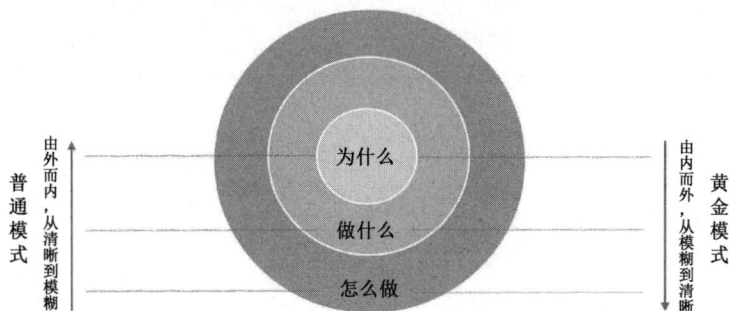

图 4-2 具有突破性思维的逻辑结构

第一个步骤是为什么。这需要你从内向外思考，在最里面的核心圈层思考为什么做个人品牌、为什么选择这个定位、你怀着什么样的信念、你的愿景是什么，以及你期望未来能实现什么人生价值。

第二个步骤是做什么。做什么是一种策略，是思考清楚价值与理念后采取的策略，是在众多要做的事中做出选择的策略。也就是说，你通过第一个步骤清楚了愿景和价值，接下来究竟应该做什么事情来实现它。

第三个步骤是怎么做。清楚了为什么要做和做什么，接下来就是每件事情如何去做，这涉及具体的细节和步骤。

绝大多数人的思考、行动和交流的方式，都是从第三步"怎么做"开始的，只思考具体的行动，却没有思考这样行动的价值和意义，这样是不正确的。

人生如此，工作也是如此。当你准备开始一个项目时，先问自己为什么，做这个项目的内在动机是什么，符合你的价值观吗，完成它对你有什么深远的影响？

你首先要牢牢把握住大方向，接下来再问自己做什么和怎么做。

图 4-2 的结构可能会让大家想起"黄金圈"法则，这里和黄金圈法则的用词稍微不同，我认为这样改动更符合中国人的思维习惯，但二者的本质理念基本相同，都是强调为什么。我们可以具体分析一下这三个步骤背后的原因。

第一个步骤是"为什么"。

我们做一件事情时一定要告诉别人，我们为什么要这样做。比如打造个人品牌，就首先需要告诉别人为什么要打造个人品牌，因此本书的第一章就对打造个人品牌的理由进行了讲述。

为什么在打造知识体系的过程中，首先要告诉别人做这件事情的内在动机呢？大部分人不会无缘无故地去做一件事情，只有想清楚为什么，才能坚定信心，才会勇往直前。同样，我们做任何事情，如果不能给出一个理由，别人很难轻易地相信我们，当他们清楚我们一定要做的理由，才更有可能对我们要做的事情充满信心。

人需要为梦想和理由而活着。

那么如何写出"为什么"？

有两个方法，一个是写出 10 大好处，一个是写出 10 大痛点，也就是你为什么要做这件事情的 10 个好处和假如你不做这件事情会导致的 10 个问题。写 10 个是基本要求，其实我们可以写更多。我曾经在打磨课程的时候，写出了 200 个痛点，然后抽出其中的 40 个核心痛点，再根据痛点做课程开发。

比如你要做营销的知识体系，首先你要列出做营销的 10 大好处，再列出不做营销的 10 大痛点。再比如你要做一套健身的知识体系，首先你要列出健身的 10 大好处，再列出不健身的 10 大痛点。

第二个步骤是"做什么"。

我们构建知识体系，一定要告诉别人，做这件事情有几个要点，每一点具体是做什么的。

比如营销知识体系里就有一个 4P 理论，讲述营销就需要做好产品、价格、渠道、促销这四件事。第一要把产品做好，第二要把价格定好，第三要把渠道搭建好，第四要把宣传、推广、促销做好，这就是营销理论体系里的"做什么"。

第三个步骤是"怎么做"。

"怎么做"就是要对"做什么"的每一点进行纵向的拆分，精确每一点具体的执行要点是什么，具体的知识点应该有几个，更加细化、清楚地告诉别人应该如何做。

比如营销知识体系 4P 理论中的产品应该怎么做？这需要解释产品开发的要点，包括如何找到符合市场需求的产品，如何设计产品、生产产品，如何定位产品的功能及如何做好产品包装等。

再比如健身中的锻炼应该怎么做，是去跑步还是去健身房使用健身器材？这需要解释锻炼一共有几个动作，每个动作做几组，每天锻炼几分钟等。这个点要讲得很清楚，客户才能按照你的要求去锻炼并实现瘦身的效果。

我们接下来通过亲子共读的案例来理解本节的内容。

前面我们提到经过在几个定位之间进行探讨论证，小 Q 最后得出聚焦亲子共读这个细分领域的结论。那么，小 Q 就需要围绕亲子共读构建一套自己的知识体系。

亲子共读，顾名思义，就是家长和孩子一起读书，选择的核心目标客户是 3～6 岁的孩子及家长。

第一步，为什么要亲子共读？

亲子共读有 10 大好处。

1. 识字：孩子的记忆力将在 6 岁达到顶峰，因此 3～6 岁是培养孩子语言文字认知的最佳时期。

2. 基础：从 3 岁到 6 岁，如果孩子 3 年识 3000 字，则可以为小学的学习打下良好的基础。

3. 提升沟通表达能力：词汇量累积足够，就能清晰地表达，有利于孩子从小养成敢于表达和有逻辑地表达的能力。

4. 陶冶性情：书籍中充满想象力的故事，有利于丰富孩子的情感，培养同理心，使孩子更加通情达理。

5. 扩大知识面：从小接触到更多充实而有品质的知识，有利于孩子开阔视野，成为受欢迎的人。

6. 提升学习力：3～6 岁是培养孩子学习能力的最佳时期，学习力是让孩子一生受益的能力。

7. 提升分析和思考能力：孩子通过阅读故事，可以提升逻辑分析能力和独立思考能力。

8. 树立人生观和价值观：读书能让孩子知道什么是正确的、什么是错误的，什么是应该做的、什么是不应该做的。

9. 提升搜集和处理信息的能力：孩子能通过不断的阅读、长期的思考训练提升搜集和处理信息的能力。

10. 培养专注力：全神贯注的沉浸式阅读能够让孩子发现知识的乐趣，有利于培养孩子的专注力。

没有亲子共读会产生 10 大问题。

1. 从小没有养成读书的习惯，长大后很难培养读书兴趣。

2. 孩子一开始独自读书，提不起兴趣，很容易懈怠。

3. 孩子可能养成打游戏等不好的习惯。

4. 孩子可能无法热爱学习，所以无法考出好成绩乃至无法考上好大学。

5. 孩子自己不知道如何选择书籍，没有家长陪伴可能误入歧途。

6. 没有家长带领，孩子感受不到家长的支持和鼓励。

7. 没有家长的示范和带领作用，一味要求孩子读书，孩子会出现逆反情绪。

8. 没有读书的习惯，可能会导致孩子长大后知识面狭窄，影响孩子的交际和事业。

9. 没有读书的习惯，孩子无法汲取经典书籍的智慧，无法得到书中伟大人物的启迪。

10. 容易与接收信息量较大的孩子拉大差距，输在起跑线上。

第二步，亲子共读应该做什么事情？

从小培养孩子爱读书的好习惯，应该做些什么才能达到这个目的？

1. 营造好的读书环境

环境可以分为家庭环境和外部环境。孩子往往容易受到环境的影响，所以必须从内到外营造良好环境，让孩子爱上读书。针对不同的孩子选择不同的书籍。

2. 选择书籍

为孩子选择书籍是个大学问，一定要从孩子小的时候就开始为他们挑选合适的书籍，让孩子除了了解教育体系内的知识系统，再建立一套完整的人格化的知识体系。比如将中国 5000 年的传统经典文化，国外几千年的文明历史，以及近代科学和哲学的发展等，作为教育体系内的知识的补充，让孩子从小就有所涉猎。

3. 制订激励措施

孩子需要有持续的激励。其实这一点成年人也一样，都需要不断地被鼓励，才能有持续努力的动力。

4. 考核和反馈机制

要时刻关注孩子的反应，避免在读书方面走弯路。

5. 开办儿童读书会和训练营

儿童读书会和训练营的形式可以让孩子在读书的同时拥有结交朋友的机会。

第三步，亲子共读应该怎么做？

这一步围绕第二步中提到的 5 个方面给出具体的方法。

1. 营造好的读书环境，该怎么做

家中需要布置出适合孩子读书的书房，至少也要提供适合孩子读书的基本环境，让孩子在家中随时随地能够找到书。家长也应该抽出时间陪孩子一起读书，为孩子做好示范和引导。

2. 选择书籍，该怎么做

从年龄上看，3～6 岁的孩子应该根据年龄层次选择不同的书籍；从性别上看，男孩和女孩读的书也有细微的区别；从性格上看，不同性格的孩子感兴趣的书也有所不同；从兴趣上看，有的孩子喜欢天文，有的孩子喜欢地理，有的孩子喜欢动物，有的孩子喜欢植物……

面对不同的孩子，怎样才能够选到合适的读物呢？孔子主张因材施教。有的孩子从小就可以读哲学，有的孩子喜欢外国文学，有的孩子喜欢传统文化。小 Q 可以围绕不同的年龄、不同的性格、不同的性别等，列出一系列理想的亲子共读书单。

这个书单如果列出来就会显得非常专业了，目前为止还没有人做这件事情。我建议小 Q 可以去请教一些高人，比如教育学家、教育学博士，询问他们如何给孩子列出好的读书清单。

3. 制订激励措施，该怎么做

有很多家长的做法是在物质上激励，比如说你读完这本书，我给你多少钱，或是我给你买礼物、我带你去某个地方旅游，当然，这是其中一种激励的方法。

而有一个叫作"正面管教"的理论提出了正面循环激励的清单。

怎样才能叫正面激励？就是能够给孩子精神上的鼓励，而精神上的鼓励又可以分为很多种。如果能够把这些方法都列入小 Q 的清单，这就是她的又一个知识点。

4. 考核和反馈机制，该怎么做

前面做了这么多努力来让孩子读书，是否有好的结果？这就需要通过科学的方法考核孩子的读书效果，根据效果不断地调整方法。

5. 开办儿童读书会，该怎么做

开办线下儿童读书会和线上读书训练营，线下 1 个儿童+1 位家长，会员卡费 1 万元，一年限招 500 人；线上招收训练营学员，每人收取 1000 元的年费，每期 300 人。

具体内容可以拆分为很多小细节。就像一棵树一样，树根就是定位，定在那里，一动不动，坚定而执着，才能够长成一棵参天大树。而树干就是我们要解决的问题，再往上延伸是树枝，也就是具体怎么做，是解决问题的细小知识点，所以也叫知识体系树，如图 4-3 所示。

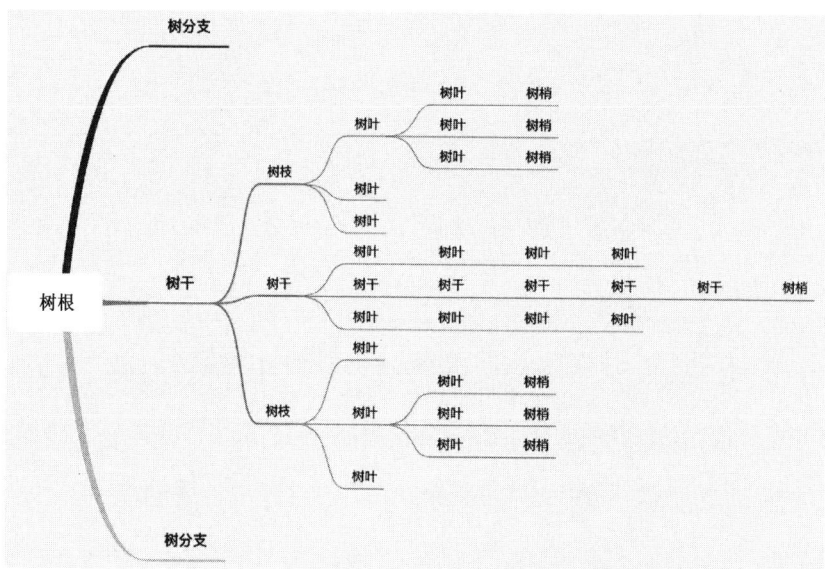

图 4-3　知识体系树

✎ 小结

打造知识体系需要突破普通思维习惯，采用黄金模式，从为什么开始，明确目的与使命，接下来再思考策略与做法。不管是人生，还是做事，都可以采用这种黄金逻辑结构来思考。

黄金结构虽然被很多人拿出来传播，但是要做到更加具体化，就要拆分为"为什么"的 10 大好处和 10 大痛点、"做什么"的三个维度和"怎么做"的三个步骤这个基本结构。

思考

你平时思考问题是按照普通结构还是黄金结构，你打算做出一套知识体系吗?

4.2.2　打造知识体系的三大误区

打造知识体系有以下三大误区。

第一个误区：只讲怎么做，不讲为什么做。

有时你告诉身边的人一些知识，他们并不会重视它，也不会去用它，这是因为他们并不知道为什么要做这件事情。不知道为什么，即便这些知识非常详尽和有用，他们都不会去执行。这就像训练员工，只让他们按照规定的方法做，但是不告诉他为什么，他们可能并不会照做，即便是照做也坚持不了几天。

"听话照做"其实是一个伪命题。如果一个人不知道为什么要做，那么遇到一点困难他（她）就会退缩、避让，甚至可能离职。创业也是一样的道理。假如没有搞清楚我们为什么要去创业，仅仅是为了多赚点钱，那遇到任何困难我们可能都会退缩，遇到任何更好的机会也都会转移目标。

人需要坚持奋斗的理由，需要一个支撑自己坚持努力、永不退缩的使命和愿景，即便困难重重也要知难而上。这就是"为什么"带来的巨大价值，所以做任何一个知识体系，首先要提炼出一个必要的理由。

第二个误区：以为堆积很多知识点就是一套知识体系。

知识体系是为了解决某一个领域的问题而构建的系统的方法论。知识体系是系统的、有逻辑的，如果只是堆积知识点，而不能有逻辑地解决问题，那么它只是一些碎片化知识的堆积。

相反，有一个词叫"大道至简"，意义是说，越是伟大的道理，看起来越是简单。有很多伟大的知识体系，甚至简单到很多人都不愿意相信。

股神巴菲特的搭档查理·芒格，在《查理·芒格的原则》中写道"我们非常热爱把问题简单化。"他认为价值投资的知识体系之所以无法得到传播，就是因为太简单了，简单到很多人都不愿意相信。但是，就是那套简单到极致的体系，帮助他们赚取了数百亿美金。

第三个误区：感觉太难，认为自己做不出来。

任何人都可以打磨出一套知识体系，这一点都不复杂，只要按照一定的逻辑，把自己的知识点汇聚起来，并按照黄金结构梳理，就可以完成一套知识体系的构建。

如果你的思维能力很强，知识面很广，可以构建一套较为庞大、深刻的知识体系；而如果你觉得自己能力有限，则可以构建一套小而浅的知识体系。任何一个人的经验，都能总结出一套有用的知识体系并获得高价值收益。

举个例子，假如有人把"西红柿炒鸡蛋"这个知识总结出来，就是一个很好的知识体系。中国至少有 1 亿人不会做这道菜或者做得不好，假如你把这道菜做得非常好吃、非常有营养，并且连如何挑选食材、如何存放食材、如何把控火候、什么样的人吃多少最健康、哪些人吃这道菜最有利于提升健康指数等内容都总结出来，就是一套非常棒的知识体系。

假如你把课程卖给这 1 亿人，每人收 9.9 元，就能赚到 9.9 亿元。即使不可能卖给 1 亿人，只卖给 10 万人，也可以获得 99 万元的收入。

公司文员也可以整理出一套行政办公知识体系，让接待客户变得更高效，让采购办公用品更轻松、省钱。如果你是社群营销人员，也可以打造一套社群营销的知识体系，根据我们上一节提到的方法，提炼出为什么要做社群营销，做社群营销的几大步骤：如何获取粉丝、粉丝如何变现、如何做粉丝裂变，以及每一个步骤具体怎么做。

假如你无法做出普遍适用的社群营销知识体系，那么你可以选择某个细分领域进行构建。如果你在教育领域，就可以构建一套教育领域的社群营销知识体系；如果你在实体店领域，就可以构建一套实体店领域的社群营销知识体系。

所以，不管你是一个文员还是一个社群运营专员，都可以构建一套自己的知识体系，这真的没有想象中那么难。

构建知识体系是一个永无尽头并且需要不断完善的过程，没有绝对正确和绝对完整的知识体系。即便是物理学，也在不断地演化，从最初的分子到原子再到量子，每一次完善这个物理的知识体系都需要花费数十年的时间。

企业经常用到的营销知识体系、品牌知识体系也都在不断地完善，不断地进化。所以，要从 1.0 开始打磨你的知识体系，让你的知识体系不断进化。好的东西都是进化出来的。

小结

很多常见的东西或是你以为正确的东西，在深度思考后，你会发现只不过是人们普遍认可的，而不一定是正确的东西，这就是误区。

思考

你以前有哪些思考误区？

4.2.3　构建知识体系的五大步骤

上一节我们按照为什么、做什么、怎么做的黄金结构探讨了构建知识体系的逻辑。可是，我们应该怎样一步一步把这些做下去？到哪里找到相应的知识点把知识体系填充完整？又怎么提炼概念让知识体系更有吸引力？构建知识体系，可以分为以下五大步骤。

第一步：搭建框架。

首先要把为什么、做什么、怎么做这个框架搭建出来，尤其是做什么这一部分。把框架搭建出来后，脑中就会有一个清晰的框架图，可以按照这个图去填充自己的知识点，把零碎的、碎片化的知识放到这个框架中。

第二步：获取知识。

获取知识的方法有很多，读书是一种获取知识的方法，搜索网上的系统课程也是，还可以参加线下课程等。通过这些方法，可以收集到这一领域的很多知识点。

这里可能很多人有疑惑，他们觉得自己根本就不会选书，不知道选哪些书去读。比如，要构建社群营销的知识体系，市面上有很多关于社群营销的书，如何选择？

我建议，一定要选择有优秀成果的人写出来的书，即作者自己曾做过社群营销并获得了很大的成就。这样的人写出来的书更具有指导性和实操性。另外，在查看作者时，最好选择注明"××著"的书籍。

选书的过程一定不要怕花时间，宁愿花费两小时选择一本精品，也不要不假思索随便选择。要翻看每本书的目录，看看它的框架包含哪些内容，里面有没有你需要的知识点，如果有的话这本书对你就有参考价值。

另外，在搜索课程的过程中，要看自己的框架里面需要哪些知识，根据自己的框架去搜索有关的课程，把这些知识提取出来。

第三步：整理知识。

获取了这么多的知识，如何把它们清晰地整理出来？你可以先用思维导图把已有的知识总结出来，然后将搜集到的文章全部放进电脑里，整理成一个文件夹，同时把每个文档的文件名修改完整。这样当你需要提取这些知识时，就能够迅速地找到它们。

整理知识的过程，也是一个消化的过程。每天给自己 5 分钟的复盘时间是一个很好的习惯。复盘不仅仅是对知识的一个总结，还是加深记忆的过程。

第四步：填充框架。

在收集和整理完知识点后，你就可以按照为什么、做什么、怎么做这个结构框架，把知识点填充进来。之后再反复地修改调整，这样就能完成知识体系的构建了。

知识体系构建的目标是要让这个体系成为解决某一领域问题的方法论，因此调整的目标就是要解决某一领域的问题，然后测试这个知识体系到底能不能够解决这个问题。

如果要搭建一个社群营销的知识体系，那么就需要测试：用这一套知识体系是否能够达到社群营销的目的。如果能够达到这个目的，说明这个知识体系构建得很成功；如果没有达到这个目的，就应该继续完善你的内容。

整理和完善知识体系是一个永无尽头的过程，在打造知识体系时，可以先从1.0 版本做起，先做个雏形出来，不必贪多求大。

第五步：创造概念。

创造概念对提升知识体系的价值来说是至关重要的一步，也是最高维度的一步，这会让你的知识体系上一个台阶，也会让你的个人品牌获得更好的传播效果。

创造概念的第一步就是要取一个好名字。

稻盛和夫创造了一套帮助企业进行内部独立核算的知识体系。其实很多公司都会采用内部独立核算的做法，比如海尔和华为。它们一般是通过财务上的内部独立核算来进行激励和考核的。

但是稻盛和夫给它取了一个名字叫"阿米巴定律"，还专门为此写了一本书叫《阿米巴定律》。这个名字让他的这一套理论体系顿时"高大上"起来，大大提升了这一套体系的价值。全世界了解内部独立核算的人听到"阿米巴定律"这几个字就知道它是由稻盛和夫创建的，也能通过这个名字知道他这个理论体系大概讲了什么内容。

全世界有很多公司都采取了内部独立核算的方法，但是唯独稻盛和夫的"阿米巴定律"受到人们统一的认可，这就是因为他的这套知识体系是一套有名有姓的理论体系。

雷军有一套关于如何做互联网产品的知识体系，他给这个体系取了个名字叫"互联网思维"。其实有很多公司的老板都知道这个做法，比如说 360 公司的创始人周鸿祎、京东创始人刘强东、腾讯创始人马化腾，他们的互联网公司经营得都不错，应该在一定程度上都理解这个思维逻辑，但是唯有雷军把这套逻辑上升为一套理论体系。

因此雷军就占领了互联网产品开发这个领域的制高点，从互联网行业的牛人大咖到普通员工，甚至很多做传统行业的人都争相学习这套理论体系。当时刚刚进入互联网领域的小米公司及小米手机也开始受到格外关注。这个传播效应，即便花再多的广告费，可能也无法达到。

国外有很多知识体系是以作者自己的名字来命名的，比如阿基米德定律和牛顿万有引力定律。中国的圣人先哲也会给自己的知识体系取一个名字，比如道家的老子，给自己知识体系著书取名叫《道德经》，华佗的《五禽戏》，孙武的《孙子兵法》等。

我们是通过概念来认识世界的。如果没有各种各样的概念，我们就没有办法认识这个世界。

比如说汽车，在刚发明的时候，叫"不用马拉的车"，显然这个概念不容易被理解和传播，所以后来改名为汽车。冰箱、洗衣机、彩电、自行车、汽车、高铁……这些都是概念。如果没有这些概念，我们就没有办法说清楚一件事。而创造这个概念的人，一定能够占领行业的制高点。

卡尔·本茨创造了汽车这个概念，后来他创办了奔驰公司；莱特兄弟创造了飞机这个概念，后来他们组建了莱特飞机公司。其实原本在世界上并没有汽车和飞机这两个概念，只是后来有人把它们创造了出来。

我也给个人品牌打造这一套知识体系取了一个名字叫"个人品牌金字塔体系"，以期望为想要打造个人品牌的人贡献微薄之力。

亲子共读，就是一个全新的读书概念，过去很少能听到这样的概念，这个名字也非常容易理解。田泽湘老师的多米诺商业系统，是一个商业模式的知识体系的概念，而且一看就能知道其本身传达的以小博大的理念。

创造概念的第二步就是给它一个定义。

定义就是解释这一套知识体系是什么。比如知识体系的定义是什么？你怎么样去解释知识体系这个事情？我给出的定义是：知识体系就是为了解决某一领域的问题而构建的一套系统的方法论。

亲子共读的定义是为了让孩子从小养成爱读书的好习惯而构建的一套家长和孩子共读的系统方法。这个定义也不是绝对的准确，你还可以从更多的维度来解释这个定义，毕竟应用型理论不像科学型理论那样需要 100%的严谨。从应用的角度讲，只要方便理解、记忆和传播，就是好的定义。

小结

不管多么困难的工作，一旦有了具体的执行步骤，事情就变得简单起来。打造知识体系可以通过五个步骤来完成：搭建框架、获取知识、整理知识、填充框架和创造概念。

概念和定义让我们认识这个世界，也让我们以最简单的方式理解这个世界。创造一套概念和定义，你也可以成为创造这个世界的人。

思考

为什么要创造一套概念？想出几个概念来试试。

4.2.4　如何使用工具高效构建知识体系

1. 构建框架的工具

思维导图是在构建知识体系框架时非常实用的一个工具。目前可用的思维导图工具有 Xmind、百度脑图、幕布等。思维导图会让知识点看起来一目了然。我在本书中也插入了很多知识点的思维导图，在阅读本书时，这些思维导图能快速让你抓到关键点，并且觉得逻辑非常清晰。

Xmind 是一款非常好用的软件，可以直接下载，在手机、电脑上都可以用。它的优势是可以直接单机使用，速度快，模板多，如图 4-4 所示。

而像百度脑图、幕布这样的工具，有一个非常重要的好处，就是可以随时在线存储文件，不用担心因电脑崩溃而丢失文件。同时，百度脑图、幕布还实现了多平台同一账户登录，可以共享办公，和你的小伙伴一起修改文件，百度脑图页面如图4-5所示。

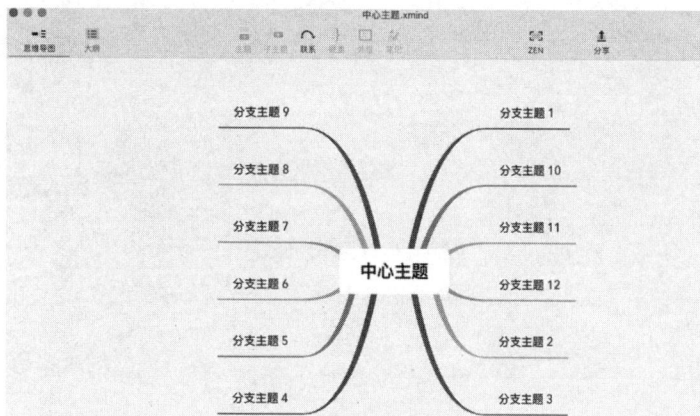

图4-4　Xmind页面

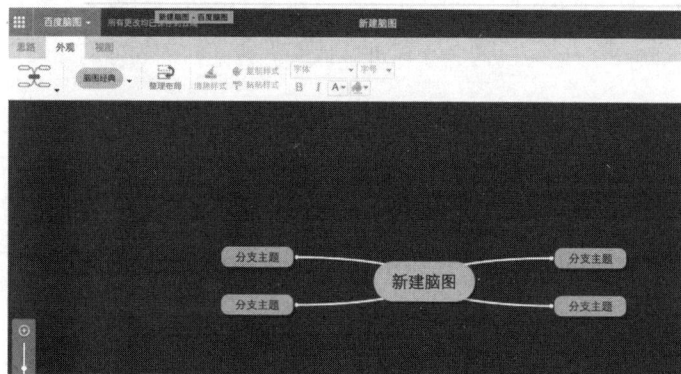

图4-5　百度脑图页面

2. 获取知识的工具

百度搜索是我们常用到的工具。其实除了搜索功能，百度搜索里面还包含一些大家可能不曾留意的实用小工具，如百度指数、百度排行榜等，这些都可以高效地帮助我们搜索各领域的相关信息。而在微信上搜索信息时，搜狗搜索会更加好用一些，因为搜狗搜索已经被腾讯收购了。

另外，还有一个非常好用的知识搜索工具，就是知乎，如图 4-6 所示。

图 4-6　知乎页面

在知乎上搜一个问题时，你可以清晰地看到哪些回答是最受人欢迎的。这类回答大多已经解决了题主的问题。你可以把这类答案归纳到你的知识点之内。

如果你想搜索公众号里面的文章，建议使用新榜或者微小宝，微小宝页面如图 4-7 所示。

图 4-7　微小宝页面

这两个工具能够清晰地体现在各个领域中哪些文章最受欢迎，这样你就可以在这些文章中提取你需要的内容。

3. 整理知识的工具

获取了很多知识点后，我们需要进行存储、整理和提取，因此首先我们需要选择合适的工具来存储它。有道云笔记、印象笔记、石墨文档，这些工具都是非常好用的互联网存储工具，石墨文档页面如图 4-8 所示。

图 4-8　石墨文档页面

它们不仅可以存储文件，还可以协作办公。你可以和你的团队一起修改内容，而且每一处修改的部分都会显示修改者的名字。这些软件都实现了电脑手机互通，只要登录同一个账号，在多个终端都可以使用，再也不用担心因电脑崩溃而导致文件丢失。

随着互联网的发展和 5G 时代的到来，每个人都应该积极适应新的办公方式，未来电脑可能不再有硬盘，所有的文件都在线上存储，打开任意一台电脑都能找到自己的文件。

小结

互联网时代，我们可以使用互联网的各种工具帮自己提高效率，同时让自己保持不断发现新工具的心态。当自己遇到任何需要批量操作，需要提升效率的事，第一时间寻找工具，让工具帮自己放大价值。

思考

你还发现了哪些好用的工具，你是如何适应的？

本章总结

本章主要讲述了什么是知识体系。我把知识体系称为知识树，因为一套知识体系做出的思维导图特别像一棵放倒的树，枝繁叶茂。

另外，本章还阐述了如何打造知识体系，包括打造知识体系的五大步骤和常用的工具。即便构建了知识体系，也需要不断地更新迭代。

第 5 章

产品体系：规划系列产品架构

一个拥有知识的人可以让自己的精神世界很丰富，而一个拥有产品的人可以让自己很有钱，因为知识本身不能销售，而把知识设计成产品就可以实现市场化销售。

5.1 知识产品核心要素

知识体系是打造个人品牌最核心的内容，但是知识体系本身并不能直接变现，只有把知识体系转变成知识产品才能够卖钱。

5.1.1 为什么要做知识产品

大学教授知识很渊博，但是他们的收入通常并不高，因为他们拿到的只是工资收入，从本质上来说，他们销售的是个人的单位时间，而没有把所拥有的知识变成产品。但是如果他们将这些知识写成书，书就是知识产品；如果他们把知识开发成线上的微课，那么微课也是知识产品。以此他们就能实现知识体系的变现。

为什么要做知识产品？这是由产品发展的三个阶段决定的。

第一个阶段：卖产品。

30 年前，基本上只要能生产出产品，就能实现大量销售。那个时候开工厂、做贸易都是很容易的事情。只要你敢在广州开一个工厂，你的产品就不愁销售，会有大量的国外客户下订单。那时候大部分的工厂都在日夜开工。

第二个阶段：卖品牌。

20 年前，产品越来越多，竞争越来越激烈，不仅要有产品还要有品质，有了品质还需要有一定的知名度，这个时候产品的品牌就变得重要了起来。于是很多企业开始打广告、请明星代言、做活动、做推广，从卖产品进入了卖品牌的时代，如图 5-1 所示。

一个产品如果没有品牌，即便质量再好也可能只是躺在仓库里，而那些有品牌的产品却销售得非常火爆，即便现在依然是如此。

第三个阶段：卖解决方案。

这个阶段，不仅要有产品、有品牌，还要有方法论。客户买东西，不仅仅是买一个实物产品回家，他们还需要一套方法，给自己带来美好的生活，如图5-2 所示。

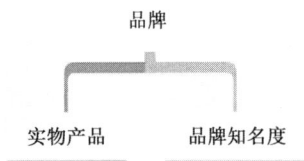

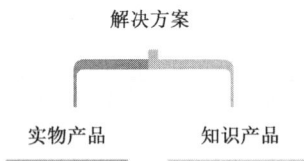

图 5-1　卖品牌　　　　　　　　　图 5-2　卖解决方案

比如客户买了一口锅，他（她）的终极目标并不是这口锅，而是想要用它做出好吃的菜。如果此时我们能在卖锅的基础上，加上一套炒菜的方法，销售就会更加容易。

所以有一些知识"网红"，他们先在网上教大家做菜，有超过百万的粉丝在跟着他们学习。这时他们推荐一口锅，就会有很多粉丝跟风购买。这就是先卖方法论，再卖产品，目前已经有很多的行业在这样做了。

反过来想，假如一个企业生产了一种锅，那么它也可以整理一套做菜的方法论，这套方法论就为产品本身增加了解决方案这个附加值。解决方案就是卖给客户的一套产品加上一套方法论，这一套方法论就是我们前一章所讲的知识体系的内容。

小结

知识体系是用来丰富个人品牌内涵和提升影响力的，转变成知识产品才能卖钱。只有意识到这一点，才能做好把个人品牌变现的基础。之所以很多知识体系很丰富的老师、教授变现能力不够强，就是因为他们没有把知识变成产品。

知识产品加实物产品的销售，更容易打动消费者，因为消费者购买的是一套解决方案。

思考

你想要做一个怎样的知识产品？

5.1.2　怎么做知识产品

那么知识体系和知识产品有什么不同？

做知识产品需要有一个知识产品的结构体系，像经营一家企业一样。我们经营个人品牌，也需要把个人品牌的产品体系做出来。这个产品体系应该由入口产品、爆款产品、高利润产品和跨行产品这四类产品组成，如图 5-3 所示。

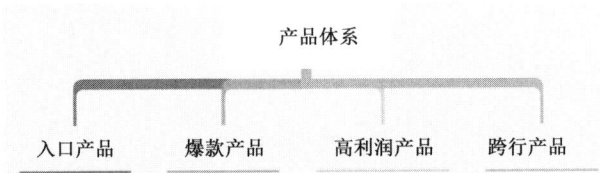

图 5-3 个人品牌的产品体系

有了这四类产品，我们才能把整个产品体系搭建完整，这样不仅有利于促进粉丝裂变，更有利于实现客户价值最大化。

1. 入口产品

超市和商场往往都有一个或者多个大门，并会尽可能把入口开得很大，以吸引客户没有障碍地走进来。同时很多超市还会在门口的位置摆放大量价格较为便宜或者正在促销的产品，比如折扣服饰、家用小商品等人人都可能需要的东西，其实也是为了吸引更多的人进入超市里面，这样才有机会让客户购买其他产品。

入口产品是带来流量的产品，一般具有以下几个特点。

第一个特点是高价值，客户一看就觉得这个产品非常有用。

第二个特点是超低价格，客户在购买时不需要为了价格而犹豫不决，会立即下单购买。

第三个特点是高频，客户可以多次反复地消费。

第四个特点是基数大，入口产品能让更多的客户进来。有购买需求的人数非常多，也意味着产品的销售量大。

第五个特点是易引导，入口产品要能引导客户购买爆款产品和高利润产品，因此入口产品和高利润产品需要有紧密的相关性。

最近两年知识付费平台上有特别多的个人课程销售量突破十万份，他们以个人的力量做出了超级爆款产品。比如，"老路的商学课"全网销售突破 60 万份，这意味着仅仅一堂课就产生了 6000 万元的销售额。

一个产品销售一万份、十万份、百万份，能有效降低产品研发成本，减少库存及其他方面的开支，让一个产品的收益最大化。中国拥有庞大的市场，有十几亿人口，这为打造爆款产品提供了基础。在互联网时代，尤其是通过网络平台，任何一个普通人的产品都有可能销往全世界。

入口产品就是开一个很大的门，让客户进来。

2. 爆款产品

爆款产品是能够产生巨大销量的产品，早在几年前，很多互联网公司就将爆款产品做到了极致。小米的一款手机可以销售上千万部，红米 Note 4X 在全球范围内的销量甚至达到了 2000 万部。小米手环的总出货量突破 4500 万只、路由器总销售量超过 1500 万台、小米盒子累计销量突破 2000 万台、小米空气净化器在 2016 年及 2017 年的累计销量也达到了 500 万台。

想要做出爆款知识产品，我们需要掌握爆款产品的三大特点。

第一个特点：痛点足够"痛"。

在面对一个重要问题时，如果没有任何解决方案，我们会很不舒服。一旦出现某款产品能够解决这个问题，我们一定会立即购买，而这款产品就是直击了客户的痛点。客户需要解决的问题很多，但是有些问题不痛不痒，即便当下不解决也无关紧要，这些问题就是"伪痛点"。只针对"伪痛点"设计出来的产品是无法吸引客户购买的。

第二个特点：刚需。

刚需就是必需品。比如买房是刚需，但买车就不是。对大部分人来说，结婚时住房就是首要的需求，即便当下没有房子，买房也是人们首先要解决的问题。所以我们经常看到很多楼盘一开盘就被哄抢一空，甚至还需要排队抢号，相对而言，买车就不是当下最需要解决的问题。

再比如小孩的教育是刚需，而成人教育就不算，因此很多家长在孩子读书方面愿意花费高价钱，但是在自己的学习上就不愿意多花钱。

第三个特点：超预期。

超预期会让产品的口碑变得更好。人们传播一件事，一定会选择传播一件特别好的事；分享给别人一个产品，也会选择分享特别好的产品。如果一款产品仅仅能满足期望值，那么人们是不会主动传播的。超出预期 20%，一般也不会传播。而超出预期的 10 倍，大部分人就会忍不住发朋友圈。

一个人转发朋友圈，会增加 100 人以上的传播量。如果最初有 100 个客户，他们每人都转发一次朋友圈，这款产品就会被 10000 人看到；而这 10000 人每人再转发一次就会裂变为 100 万人。超预期的产品在移动互联网时代的裂变速度超乎想象。

3. 高利润产品

高利润产品就是提供超高价值、收取高费用的产品，一般来说，咨询是知识产品中的高利润产品。比如，一个企业品牌咨询案，可以收取 300 万元咨询费，它就是一个高利润的产品。当然，收取高费用的同时也要提供超价值的服务，能够让客户因此而多赚 3000 万元甚至 3 亿元。

所以，在打造个人品牌的过程中，你不仅要构建一套知识体系，还要把这套知识体系设置成一个高利润的咨询类产品，为客户提供一对一的咨询服务。比如，健身行业一对一私教就是一个高利润产品，每小时可以收取 500～1000 元的私教费，如果是高端客户，甚至可以收取 1000～3000 元的私教费。而团课就相当于一个入门产品，每人每次仅收取几十元钱。

4. 跨行产品

跨行产品是非本行业的产品，也不是自己生产的产品。打造个人品牌就是提升个人影响力，是以个人为中心的，而不是以产品为中心的，所以你完全可以代理别人的产品。这样就不需要增加自己的生产量，也不需要投入太多的成本，只需要不断地提升自己的影响力，提升个人的美誉度、信誉度，带来更多的流量，通过跨界与其他的品牌合作，销售他们的产品来获得额外的利润。

比如，你是一个形象设计老师，那么就可以不断地提升自己在形象穿搭方面的影响力，然后顺带销售一些品牌包包、手表及服饰。如果你的粉丝足够多，还可以跨界与一些奢侈品商家合作，只要他们能为你提供超低的价格，比专柜和代购的价格更低，而且又都是正品，那你的粉丝从你这里购买是顺理成章的事。你为粉丝提供了购买方便、信任背书和名牌超低折扣的价值，他们也会以你为中心采购相关的产品。

未来的经济是圈子经济，越是名贵的东西越要通过圈子来销售。打造个人品牌就是销售名贵产品的最好方式，通过跨界合作把自己的成本降到最低，把自己的利润提到最高，把看得见的钱分出去，赚看不见的钱。

做跨行产品，有几个需要大家特别注意的地方。

第一，一定不要贪多求广，否则会让别人觉得你是一个杂货代理商。你需要有几个固定的跨界合作商家，常年为你提供高质量的产品，这样在你的粉丝当中才会形成稳定的口碑。

第二，一定要和自己的个人品牌定位相关。这样你的粉丝才不会觉得突兀，才会觉得从你这里购买产品是顺理成章、自然而然的事，而不会觉得是你在向他们推销产品。

如果围绕着自己的定位来做事，客户就不会反感，成交率也会高很多。比如一个中医，他每天都分享超有用的健康知识，经常为咨询的客户提供服务，那么如果他推荐一些中药保健类的产品，比如人参、枸杞子、祛湿茶、养生茶，或者艾条、艾叶、香薰、精油之类的东西，我们并不会觉得很突兀，相反我们会期望他推荐一些跟健康养生相关的产品。因为信赖，因为相信他的专业，所以我们愿意从他那里购买产品。

如果你的定位是健身教练，可以推荐一些和健身有关的器材、服饰、运动鞋等；如果你的定位是美妆师，可以推荐一些口红、眼线笔、眉笔、粉底等。当然，美妆领域的产品不计其数，作为有影响力的人，一定要推荐最值得信赖的产品。

我们发现部分微商会在朋友圈里面"霸屏"式地发布产品消息，常常一天发布几十条，这令人很反感。很多人甚至会拉黑这样的微商。其实我们反感的并不是有人在朋友圈推荐商品，当有人推荐一些高价值产品时，其实是为我们提供了便利，我们反感的是不恰当的销售方式。

第三，推荐的产品一定要是货真价实的产品，甚至是超值的产品，要比商场价格更低，比网络购买更有保障。千万不要因为自己有一点影响力，就代理一些劣质或假冒产品赚取高额利润，这样不仅会伤害粉丝的利益，也会破坏自己辛苦经营出来的口碑和影响力。一定要选择代理高价值的产品。

高价值的产品可以提升你的个人形象。如果你总是销售一些非常低廉的产品，那么粉丝也会觉得你的生活品位非常糟糕；而如果你代理一些高端产品，粉丝会认为你是一个生活很有品位的人，那么你也会吸引越来越多的高端客户。此外，高端产品也能为你带来丰厚的利润。

📜 小结

任何产品都需要有一个合理的结构，打造个人品牌也是同样的道理。一个合理的产品结构是，首先通过入口产品让更多的客户进来，随后利用爆款产品在成本最低、时间最短的方式下一次性达到超高销量，再利用高利润产品获取更多收入，最后通过跨界整合的方式获得额外收益。

📖 思考

你是否曾经想过要规划产品结构，你目前的产品结构合理吗？

5.2 如何利用知识体系做课程

我们每个人都能构建出属于自己的知识体系，将知识体系以课程的形式输出也是一种知识产品。

5.2.1 如何开发一堂微课

打造个人品牌为什么要开发线上微课呢？因为开发线上微课有三大好处。

第一，能够快速地提升知名度。

目前，超过 3 亿人有线上学习的习惯，未来将会有更多人选择线上学习，通过线上知识付费平台打造个人品牌并做一堂微课，能够快速在线上获得客户。

知识付费平台已经培养出大量拥有知识付费习惯的用户。大型的知识付费平台有上百家，如喜马拉雅、网易云课堂、在行、荔枝、千聊、知乎、蜻蜓 FM、得到、樊登读书会等。还有如创业帮、静雅课堂、智库 MBA 等拥有数百万粉丝的基于微信体系的小平台。这些平台都会对外引进课程，只要你的课程足够优质，内容足够有吸引力，各大平台都会争相引进。

第二，通过打磨微课的方式可再次梳理自己的知识体系。

打磨微课也是一个细致而有逻辑的梳理过程。一堂优质的微课，对客户定位、客户画像、客户需求痛点、课程逻辑和课程内容撰写等都有全方位的要求，所以打磨微课也会加深我们对自己知识体系的认识。

第三，能够让自己对所处行业的理解更有深度。

我们在打磨课程的过程中，一定会搜索各种竞争对手的课程，了解更多的信息，以从市场和行业的角度客观地来看待自己的课程。打磨课程，不仅仅是简单地把自己的知识体系"组装"成一门课，而是站在产品研发的角度，站在市场的角度，从全局看待这个产品。所站的角度不同，眼光也会随之发生巨大的变化。

每一个打造个人品牌的人，其实都应该去开发一门自己的线上微课。一门课的设置一般是 10～30 节不等，但最开始的时候，你可以先尝试做一节课并在微信群内播放。

线上课程只要能把自己的经验分享出去，就能使别人得到收获。如果你是一个专业能手，你的经验甚至可以价值千万。只要你敢于分享，就可以直接实现变现。

有人可能会觉得，是不是只有那些大咖才能够做课程，自己作为一个普通白领或是一个创业者，能不能做微课？当然是可以的，其实普通人在线上开发微课要比一些优秀的老师在线下开发课程更容易，因为线上讲课的方式跟线下的逻辑完全不同。

有些线下讲师，觉得自己线下课程销售得非常好，就想当然地认为线上课程也能销售得很好，事实并非如此。有一个美术老师前年向我抱怨，她说自己的线上课程销售非常不理想，她以为是自己的水平不行，可是后来她发现她的学员也在线上开课程，并且卖得比她好。其实这就是因为线上课程和线下课程的开发逻辑不同。

线下课程的老师，习惯利用现场氛围，以随机应变的方式，激励大家互动，让现场激情高涨，他们也会因此更有讲课的感觉。线下课程的授课氛围非常重要，没有氛围的课堂，学生很难投入，也难以产生实际的销售。所以线下课程的老师关注的焦点是现场互动。

而线上课程的老师与学生不见面，也不需要做现场互动，老师听不到掌声也看不到学生的笑脸，只能通过"干货"打动学员。同时学员也希望能用更少的时间学到更多的知识，因此最好是直奔主题，连问好的环节都省略，每 5 分钟就能学到一个知识点。很多普通人没有线下讲师常规的教学习惯，反而成了优势。所以，我们不用担心自己无法完成一堂微课。

正如 2005 年的淘宝一样，最先开始尝试的都是一些普通人，大学生群体和宝妈群体是第一批进驻淘宝的商家，直到 2008 年后才逐渐有企业进驻淘宝。有些企业进驻淘宝后发现自己的销量非常少，远远不如大学生销得好，于是很快又关闭了淘宝店。

知识付费也出现过同样的现象，很多非常优秀的线下老师开设线上课程时，兴奋了两个月，结果发现销量很少，赚钱又少，就逐渐放弃了。不过，随着知识付费的发展，早晚有一天他们会再次关注线上课程。正如 2008 年退出淘宝的商家，后来又逐渐加入淘宝、天猫、京东一样，线上销售是一种必然的趋势，是人们获得商品的渠道的一次转移，其发展势不可挡。

在知识付费平台最初兴起时，很多普通人在线上分享内容，比如宝妈分享如何进行时间管理、出纳分享如何一个月依靠副业多赚 2000 元、普通文案分享如何写一篇软文，这些课程很快就有上千人购买。

现在，收听线上微课的用户已经提出了更高的要求，他们期望课程能够系统地、有逻辑性地把一个问题讲清楚。那应该怎么做，才能满足客户的要求，做出一堂高质量的线上微课？

做线上课程有五大步骤，首先要找到客户的需求和痛点；其次要提出解决方法；然后要找到对应的场景；接着讲述成功的案例；最后总结方法步骤。按照这五大步骤，就能做出一堂高质量的微课。

两年前我开了一堂课，名为"每天 30 分钟，你也可以成为年入百万元的写方案高手"，因为我当时在为企业做品牌咨询，所以就把自己做企业咨询的方法分享了出来。我以此为例，按照上述的五个步骤进行拆解。

1. 找到需求和痛点

公司营销部的营销人员、客户运营人员、社群运营人员、咨询师、文案等都有写方案的需求。对这些人来说，写方案是刚需。但是，仅针对这些人，客户量太小，需要继续挖掘。其实需要写方案的人特别多，无论是公司的人力资源专员、财务人员、老板，还是做小生意的个体户、投资人，都需要写方案。而在行业类别上，不仅仅局限于咨询公司和广告公司，一些宝妈、微商，也需要写方案。这样来看客户群体就非常大了。经过第一步的客户需求挖掘，不仅能找到相应的客户群体，还能让客户群体扩大数十倍。

那他们的痛点是什么？

我挖掘了 40 多个痛点，比如不知道写方案的结构，也不知道如何下手；或是不知道分几个部分，甚至不知道应该写哪些内容；又或是写出来的方案特别简单，只有一页就完了，还不知道如何完善；再或是做出来的 PPT 太丑，无法见人；另外还有根本不知道如何开始，一个字也写不出来，白白浪费时间的；更甚的是写完方案后拿去投标，由于不知道如何讲，结果没有中标，写的方案基本上也浪费了，等等。

2. 提出解决方案

针对以上需求和痛点，我提出了一套解决方案，只需要按照分析、策略、规划、执行表四个步骤，就可以搭建一个方案的框架。每次写方案直接在 PPT 上写下这四页，就可以开始写作，非常简单，任何人都可以做到。

3. 找到对应的场景

比如说有的人坐到电脑旁边，打开电脑想要写方案，但是对着电脑屏幕，想了整整一个下午，却一句话都写不出来。其实不是因为没有想法，而是满脑子的想法却开不了头，只要开了头他就知道怎样往下写了。

这就是一个常见的场景，我也遇到过这个场景。而我针对这个场景的应对方法是先把方案的名字写下来，然后将写方案的四个步骤——分析、策略、规划、执行表，分别写到 4 个板块上，之后有什么想法就直接填充到相应的板块里，这样也能迅速打开思路。

4. 讲述成功的案例

讲述自己的成功案例是最有说服力的，我就经常在课程里面讲述自己当时如何替中国移动写方案，并且用一个方案获得客户 580 万元订单的案例。另外我还会讲述我在世界 500 强公司投标的经历，投标竞标的过程中有哪些公司来竞争，我又用了哪些方法、哪些工具，我也会跟客户分享我的方案等。

在分享案例的过程中，不仅仅要分享如何写作，更要分享整个故事，让课程的场景更加清晰明了，让听者有直观的感受。

5. 总结方法步骤

在第二步中我们找到了解决方案，接下来还需要把它总结为一套方便实操和传播的方法。我将其命名为"四步极简写作法"，也就是分析市场、提出策略、规划内容、做分工表。这四个步骤非常简单，假如你是一个常写方案的人，相信你一定知道这四个步骤的威力，因为它能让一个刚刚开始写方案的人迅速写出简单的方案来。

在这个基础上我又将其拆分成 20 多个具体的工具，让学员直接套用就能写出一个好方案。这就是我的一堂线上微课，讲述的是如何搭建方案的框架。

假如你从未接触过方案撰写，只是听老师这么去讲，可能感觉有点难以理解，所以我会在课件中把这个结构展示给学员，这样就一目了然了。

我有一个学员小 D，他想要开发一堂朋友圈营销的课程，教别人如何通过在朋友圈销售产品赚钱，他也是按照这五个步骤来做的。

第一步就是找到客户的需求和痛点。客户有很多的需求，希望通过朋友圈营销来得到满足，比如大量的微商兼职人员，或者那些想要赚取副业收入的人，还有一些企业的老板、创业者，他们希望能通过朋友圈树立自己的个人品牌形象，吸引更多高端客户上门。经过这样的分析就能发现，其实有大量的人都需要打造高质量的朋友圈。

他们的痛点也很多，比如不知道该怎样发朋友圈，不知道应该在什么时间发，也不知道如何配图、如何利用朋友圈达成交易，等等。做微商的人，如果不知道这些方法，就没有销量，微商代理的产品如果卖不出去，就只是库存，白白浪费代理费。这些都是客户的痛点。

第二步是提出解决方案，也就是要有一套发朋友圈的写作文案、配图方式、发圈时间表和成交技巧。仅仅这么说，学员可能无法清楚地理解，所以需要用一些场景让他们立体地感知。

第三步是找到对应的场景。比如客户在家里躺在床上编辑朋友圈却不知道怎样写，写了又删、删了又写，结果一条朋友圈花了一个小时都没有写好。

又比如，有的客户想找到可以和文案相匹配的图片，打开电脑搜索，结果花了一个小时也没有找到一张理想的图片。这些图片要么会涉及侵权，要么不够美观，而自己也不知道该怎样修图。

再比如有很多人只是在盲目地寻找货源，根本不知道应该到哪里去找，怎样高效地找到自己想要的，这是第三个场景。在做这一步时，小 D 自己找了 100 多个场景并通过对所有场景的分析，提炼出其中的 20 多个，均放到了他的课程里。

第四步就是讲述成功的案例。讲述自己的故事最容易打动客户，而且你也容易把自己的理念和方法讲得明了透彻。虽然有很多名人的故事可能更有影响力，但是讲别人的故事没有代入感，也不够接地气，学员更愿意听你自己那些小小的却非常实在的故事。

于是小 D 就在他的微课中嵌入了自己在朋友圈销售课程的故事。分销课程一天可以分销 100 多人，赚到 5000 多元。一天就能赚到 5000 多元，对很多想要通过副业赚钱及做微商的人有非常大的吸引力。

第五步就是要总结方法步骤。小 D 把朋友圈变现总结成四大步骤。

建立人设是第一步，拍照片塑造产品是第二步，讲述案例是第三步，点赞互动成交是第四步。他把这个方法总结成了一套方法论，变成了他课程的知识点。

通过这两个案例我们再来总结一下整个过程，一共有五个步骤：第一个步骤是找到需求和痛点；第二个步骤是提出解决方案；第三个步骤是找到对应的场景，让学员身临其境；第四个步骤是讲述自己的故事，通过故事把方法讲清楚；第五个步骤是总结出方法步骤，这就是做线上微课的基本步骤。

假如你以前做过线上微课，你一定会对这五个步骤有一个非常清晰的认知，因为当你没有按照这个步骤来设计时，学员在听课的过程中可能会感觉到逻辑性不强。假如你以前从来都没有做过微课，建议现在就可以按照这个步骤，开启一堂自己的微课。

小结

知识付费从兴起至今已有 3 年的时间，中国已有超过 3 亿人成为知识付费的用户，上百家知识付费平台需要优质内容。只要你有足够好的经验可讲，就可以开发一堂微课，实现知识体系变现。

开发一堂微课，需要五个步骤：找到客户的需求和痛点，提出解决方案，找到对应的场景，讲述成功的案例，总结方法步骤，这符合线上学习的基本逻辑。

思考

假如要开发一节 60 分钟的微课，你打算讲什么内容？

5.2.2　如何做线上训练营

要打造个人品牌，最佳的方法就是先从影响身边的人做起。如果我们现在有1000 个以上的微信好友，训练营就是从身边这 1000 人开始传播自己的最好方法。

开发训练营是让别人深度了解自己的一个过程，而且这个过程可以迅速地实现变现。从 2019 年开始，很多人都比以往更愿意采用参加训练营的方式来学习知识，包括职场白领、创业者，甚至还包括很多企业老板。

碎片化的学习虽然可以学到一些零碎的知识，但越来越多的人都希望能进行深度学习，而这种深度学习仅通过线上的课程是难以实现的，毕竟不是每一个人都擅长深度思考。因此很多人在学习的过程中需要陪伴和指导，训练营就能很好地做到这一点，让学习更加有深度。

另外，学习完理论知识，在实践的过程中也需要有人帮忙推进。我们发现很多人购买课程后，就只是放在那里，连学都没有学完，更不要说实践了。而在训练营里，有同期的学员紧密互动，大家可以一起对抗懒惰，一起做计划，相互推进，把事情做下去，这样的学习会更加有效。

相对于开发微课，做训练营其实更加简单，只要在某一个行业有一定的知识累积或是经验累积，你就可以开发一个训练营，把你的经验分享给学员，为他们提供帮助。

做训练营可以先从前 100 个客户做起，实现零基础变现。在变现的过程中一定会有更多的人认可你，他们会帮你链接更多的人脉关系网。

那么，怎样做一个线上训练营呢？非常简单，只有四个步骤。

第一步，找到客户的需求，设置训练营的内容；

第二步，设置训练营的服务内容；

第三步，发布招募信息；

第四步，开启训练营并不断升级迭代内容。

小丽是一个健身教练，她在健身行业已经累积了 4 年的经验。两年前我建议她开发线上的课程，但是她一直都没有行动，总是担心自己做不好，觉得身边那些很厉害的健身教练都不敢开线上课程，自己还远远不如他们，凭什么能做？

后来我鼓励她说，你可以开一个训练营，从最简单的做起。你开训练营是训练那些非健身行业的人，并不是做给健身行业的教练看，因此只要你的健身知识能够帮助到非健身行业的人就可以。

经过调研，她发现很多女孩子都想健身减肥，但是因为各种各样的原因，比如没有时间或者懒于行动，总是达不到目标。于是她想到可以通过改变她们的饮食结构，帮助她们达到瘦身的效果。

她给这个训练营取了一个名字叫"吃瘦训练营"，是通过改变吃法实现瘦身的训练营，一共需要花费 21 天的时间。最初，她始终不敢开始招募学员，于是我鼓励她在我的个人品牌沙龙上分享，果然有几个学员报名了。既然有人买单，她就要兑现承诺，这样被逼无奈下，她只能开始。

有时候，你不敢做一件事情，可以选择直接开卖，当有了客户买单，你就被"逼上梁山"，不得不做。

第一期，她只发了两次朋友圈，招了 30 多个学员。但是她做得很认真，每天跟进所有学员的动态，还要求每人每天测量体重，结果所有学员都达到了瘦身的目标，效果最好的瘦了十多斤。她总结了不少经验，信心大增。

第二期，她改进了很多内容，招了 60 多个学员。第三期，她招了 300 多个学员。直到现在，她的训练营已经固定每月开一期了。

从小丽的这个案例出发，我们再来深度拆解开启训练营的四个步骤。

第一步，找到客户的需求。

很多女孩子想瘦身，但由于没有时间、不舍得花钱、懒于行动等原因，一直瘦不下来，这就是客户的需求。小丽针对这个客户需求研发内容，从吃方面着手，仅仅调整吃，既能解决客户没有时间的问题，又能解决懒于行动的问题。

21 天的时间，她帮助每个人调整饮食结构。她每天都在群里面分享应该如何搭配一天的饮食，怎么吃、吃多少，还会分享多个菜谱，让不同类型的人按照不同的菜谱去吃。

第二步，设置训练营的服务内容。

训练营不是单纯的课程，需要学员之间相互沟通交流，这样才能够达到最好的效果。于是针对互动，小丽设置了两条小规则，一是群里打卡，所有学员把自己每天吃的东西发到群里，这不仅是一种监督，也具有一定的推进作用；二是每天测量自己的体重并发到群里，学员看到自己和其他同学的体重都在一天天下降，对这个吃法就越来越有信心。

另外，她每天会讲述为什么应该这样搭配，告诉学员这样配餐的原理，这样即便训练营结束，学员仍然可以按照这一套搭配方法搭配自己的饮食。这种服务不仅告诉学员应该如何吃，还监督、鼓励大家一起相互推进完成一件事。

此外，训练营还应该设置开营仪式和闭营仪式。开营仪式会有很强烈的心理暗示，能够让学员感受到瘦身已经开始。闭营仪式则是让学员把瘦身多少斤的统计结果呈现出来，接受所有人的掌声和鲜花，还能获得成功减肥证书。获得理想结果的学员会特别有成就感，而结果不是很理想的学员，可能会受到其他学员的刺激，下决心再次调整，并且还可能选择加入下一期的训练营。

第三步，发布招募信息。

任何一门生意都需要寻找客户，有了基础客户的累积，这个生意才可以启动。小丽采用了两种方式招募学员，第一种方式是写文案直接发在朋友圈，身边的朋友看到后可能会咨询或直接报名。第二种方式是设计一张海报，发送到朋友圈或在各种群内招募学员。

网上有很多"傻瓜式"海报设计网站，不需要设计基础，只需套用模板，比如图怪兽、创客贴等，登录之后直接挑选模板就可以设计出一张漂亮的海报。

第四步，开启训练营并不断地升级迭代内容。

开启训练营后，学员可能会提出各种不同的问题，为了跟上学员的需求，训练营内容也需要不断去调整。

苹果公司和小米公司不断升级迭代自己的手机，而训练营也需要不断升级迭代内容，只有这样才能够吸引更多有价值的粉丝。

我自己打造个人品牌训练营也是按照这四个步骤来做的。

第一个步骤是要找到客户的需求。很多人想要打造个人品牌并期望能更系统、更深入地学习一套方法。在打造个人品牌的过程中，他们也需要有人一对一地指导，需要有同伴一起抱团成长，一起推进计划和目标。

有人完全不知道如何找到自己的定位；有人纠结自己的定位好几年，一直都无法精准发力，白白浪费大好时光；有人不知道如何获得粉丝，不知道如何通过互联网工具快速实现粉丝变现；有人不知道如何规划自己的变现路径……这些都是学员的刚性需求。

第二个步骤是设置个人品牌训练营的服务内容。如何做出自己的定位体系、打磨自己的知识体系、做好自己的产品体系、搭建一套传播体系、低成本传播自己的个人品牌，这个内容也就是本书的逻辑。我的训练营服务不仅教授打造个人品牌的"干货"知识，还会帮助学员解决实践中遇到的任何问题。

在课时设置上，我设置了每周两节课，两天时间做作业，两天时间线上语音沟通。线上语音沟通采用微信语音连线的方式，每 7 个人配备一位导师，在线上开语音会议，帮助每一个人分析问题，交流大家的定位、知识体系、产品体系和传播体系。

这个服务叫 PBL 沟通服务，是非常有效的一种学习方式。很多学员通过这种方式发现了大量可以提升的地方，甚至在训练营结束后特别留恋这种交流沟通的感觉。

除了知识内容本身，我还设置了开营仪式和闭营仪式，更有趣的是我还设置了"闭营微晚会"。

在课程结束时，每一个人要拿出自己的个人品牌打造方案，另外在课程结束后还有持续 100 天的行动推进营。在这 100 天内，大家继续把每天做的工作拿出来交流，形成一个个人品牌打造的交流群，一起对抗懒惰，相互鼓励，共同成长。

第三个步骤是发布招募信息。通过写文案和做海报两种方式招募学员。

朋友圈的粉丝及社群内的好友对你自身的认可，是顺利招募到学员的前提，因此你需要不断地在朋友圈及社群里面塑造自己的形象。比如我在社群写过"每日一问"，主要是分享个人品牌和个人成长方面的知识，每天给大家提一个思考问题，分享一个知识点，200 多天从未间断。

经过一段时间的塑造，社群内的群友对我已经非常了解。所以当我发出个人品牌训练营的招募信息时，立即就有很多人报名。

我的第一期个人品牌训练营是在腊月二十九上午发布的招募信息。大年二十九，大家都在忙着准备年货，大部分企事业单位都已经放假，谁会在这个时候加入一期新的学习班呢？但是，我上午发布消息，下午就招募满员，晚上就开营了，大年三十、初一、正月十五都没有休息。所以，只要前期铺垫好，即便是过年，也同样能招募到学员。

第四个步骤是开始训练营的学习，然后不断地升级迭代内容。每期学员都有不同的定位，不同行业和不同细分领域的人遇到的问题各不相同。为了解决这些问题，我需要不断升级迭代训练营内容来满足大家的需求。

训练营是一种非常有效的知识产品形式，学员获得的价值感远远超过自己单独学习，更重要的是遇到问题随时有人帮你解决。

训练营的特点是互动性强，参与性强，学员相互链接，能组团对抗挑战，一起前进。只要你有足够的知识和经验，就能做出一个训练营，并通过这种方式放大你的影响力。

小结

训练营是一种互动性强、能进行深度学习且能边学边用的高价值产品，能帮助学员从学习知识有效过渡到实践知识。训练营开发有四个步骤：找到客户的需求，设置训练营的服务内容，发布招募信息，开启训练营并不断升级迭代内容。

思考

假如要开设一个训练营，你想服务哪些客户，讲述什么主题？

本章总结

经营知识产品和经营实物产品一样，如果只有一种产品，就会浪费大量的资源，经营效果也得不到大幅度提升；而规划好产品结构，能大幅度提升经营效益，还会带来源源不断的客户资源。本章为你阐述了最合理的产品体系为入口产品、爆款产品、高利润产品和跨行产品。

打造个人品牌要敢于把自己的产品拿出去销售，只有客户购买，你才有机会实现变现，才有机会不断更新迭代。

第 6 章

传播体系：个人品牌的粉丝裂变与变现

粉丝的平均购买力要比非粉丝高出几倍，因此，在个人品牌变现的过程中粉丝的作用不可小视。

6.1 变现与内容输出

打造个人品牌需要不断输出内容，但是不要忘记，打造个人品牌不是打造产品品牌，个人品牌需要更多的柔性内容。

6.1.1 个人品牌变现的逻辑

个人品牌变现的逻辑和传统生意变现的逻辑并不相同，个人品牌变现的逻辑是先有内容输出，再有粉丝增长、产品推荐、用户裂变，最后是持续的内容输出。而传统生意是先有产品，然后开始做营销推广，再通过销售产品变现。这两者之间的逻辑完全不同，几乎相反，如图 6-1 所示。

个人品牌变现逻辑的优势就在于先有粉丝，再进行产品推荐，这个看起来很小的改变，却产生了巨大的好处。利用这种方式，能够实现低风险创业甚至无风险创业。

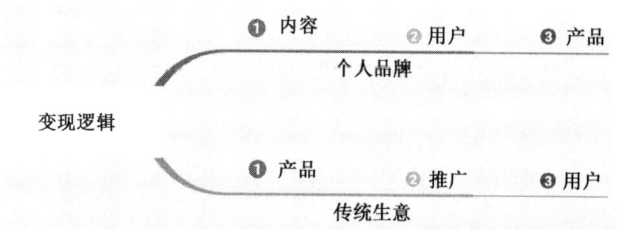

图 6-1　个人品牌变现逻辑和传统生意变现逻辑

以往的创业方式要花费大量的成本囤积产品，如果产品销售不出去，就会变成公司的库存，非常容易陷入亏损状态。而利用个人品牌变现的逻辑，就不用担心产品销售的问题。常规的做法是可以先在粉丝群里面尝试推荐产品，进行测试，如果这款产品能让客户接受，再进行大规模的生产；反之，则可以暂停推荐这款产品，转而推荐别的产品，直到找到合适的产品。

依据个人品牌变现逻辑，客户首先是喜欢你这个人，根据你的人设、你输出的内容、你的信誉度和美誉度来判断是不是值得从你这里购买产品。而传统的生意是客户将产品的功能和自身需求进行匹配后决定是否购买，因此创业者的产品需要和市场上众多同类产品竞争，因为传统生意卖的是产品本身。

但这并不是说粉丝购买产品就与自身的需求无关，只是创业者的个人品牌影响力增加了产品的价值。这时即使创业者推荐的产品稍微贵一些，粉丝也愿意从你这里购买，因为他们的购买行为一方面是源于你的个人影响力，另一方面是源于他们对你的信任。

现在市面上有太多的商品，客户普遍都有选择困难症。他们不知道该怎样选择一个性价比合适的产品，你的推荐能够帮助他们快速做出决定，帮助他们节约决策时间。

如今"网红"带货的力量非常强大，人称"口红一哥"的李佳琦，2018 年"双十一"跟马云同台 PK 卖口红，李佳琦 5 分钟卖了 15000 只，马云只卖出了 10 只。2019 年三八节，李佳琦个人直播间观看量为 18.93 万人次，共促成了 23000 个订单，成交额达到 353 万元。

还有一些"网红"卖女性用品，卖育儿用品，带货量都非常巨大，他们靠的就是个人品牌影响力。

掌握了个人品牌变现的这个逻辑，我们知道在打造个人品牌的过程中，第一步就是输出自己的内容，在本书前面的章节中已经提到过如何输出个人的内容，首先要找到自己的定位，梳理清楚客户的画像，然后构建自己的知识体系，最后是坚持输出。

从个人品牌变现的逻辑可以看出，通过打造个人品牌去创业是一种低风险、低成本的创业方式。而传统高风险创业的逻辑是：筹钱离职、找办公室、招聘人员、开发产品、销售产品、维持经营，直到公司倒闭，如图 6-2 所示。

图 6-2　创业对比

这种创业的逻辑会让创业者从一开始就背负着高风险，因为不管创业是否赚钱，首先要拿出一笔钱，而且这笔钱最终能不能够收回来也是个未知数。而据数据统计，目前传统型创业成功的概率非常低，这也就意味着从创业者筹钱创业的那一天开始起，就提高了自己的财务风险。

每一颗年轻的心都装着一个创业的梦想。很多职场人想要创业，在咖啡馆、饭馆谈起创业满是兴奋与激动，但是之所以迟迟没有行动，就是因为害怕创业失败，害怕这种风险给自己或是家庭带来经济上的灾难。

而通过打造个人品牌来创业就不同，创业者可以先在职场上通过输出内容累积粉丝，等有了一定的粉丝量，就可以去推荐一些产品，并获得一定的客户基数。有了这些客户，再离职创业，就不用担心创业如何启动了，因为你已经可以让这些客户来养活你自己了，这时也可以安心离职，开启自己的创业之路。

樊登在分享自己的创业经验时表示，自己还在职场中时就开始创办读书会了。那时他用空余时间分享读书笔记，最初是通过分享 PPT 的方式把书的概要做出来，然后再通过社群讲书的方式收取费用，逐渐累积客户，达到年入 5000 万元。

创业初期，招募员工是一件令人头痛的事。新开创的小公司，想要招募优秀的人才非常困难，要么需要开出高于市场价的工资，要么需要让出部分股份。而且，优秀的人才也会挑选公司，一看是创业公司，很可能会心生退意。

但是有了个人品牌，你的粉丝就可能会成为你的团队伙伴，此时也不需要租赁高档的办公室，只要有一个可以办公的地方就够了。你的员工是因为相信你、认可你而愿意跟你一起奋斗，他们的价值观也跟你的价值观高度一致。

而且和传统的招聘相比，你也不需要开出高额的工资，你们可以一起创造未来，然后一起分享成果。你也不需要用你的创业梦想去打动你的员工，因为在打造个人品牌的过程中，你会自然而然地吸引到一些跟你志同道合的人来一起奋斗。

组建团队的目的是让你的粉丝快速裂变，完成客户增长。在完成 10 倍速的客户增长后，你再创业就非常安全了，而且获利能力会更强。

很多在知识付费平台上卖课程的老师，他们原先仅仅是在一个领域具备了专业的知识内容，通过打造课程的方式把自己的知识在平台上进行销售，当他们的课程销售收入远超职场收入时，他们可能就会考虑离职创业。

一位腾讯的前产品经理非常擅长做时间管理，他在腾讯上班时就开了一堂时间管理的课程。最初的课程还是单节课，只讲一个小时，售价 9.9 元。他每周讲一次，每次大概有 5000 人来听，仅仅这一项收入，每周就能达到 5 万元。

他用这个方式开课半年后，又在网上开设了时间管理的专栏课程，共 12 节，定价 99 元，半年的时间卖了两万份。这时他才从公司离职，打算专门做课程，他还组建了一个小团队，以此开始走上了创业之路。

他最初组建团队时连办公室都没有，团队人员都是在线上协作办公，可以在家里或是在咖啡馆，团队成员也乐于用这种轻松的办公方式。最初他的团队只有三个人，他自己再加上两个助理，其他就是一些兼职的群管理员。

这些群管理员都是他的粉丝，这些粉丝为了学习他的课程、和他拉近关系，免费帮他打理社群。这就是通过个人品牌构建的创业团队，小而精干，工作轻松自由，最重要的是价值观统一。

我的团队伙伴也是我的粉丝，我没有通过人才网招募任何一个员工。最初他们也是自己在家办公，我并没有通过什么方式进行管理，不需要打卡，也不需要监督，轻松自由。他们了解我的做事风格和做事特点，我们一起用非常愉快的方式合作，当然我也会分享利润给他们。

我同时也有社群管理员帮我做社群运营，我会分享个人品牌的知识、社群运营的知识、营销方案的知识及企业品牌方案的知识给他们，这是我对他们的另一种回报。现在有上百个社群都是这些群管理员帮我组建的。

假如你是一个创业者或者你已经拥有一家企业，应该怎样梳理这个逻辑？

如果你现在已经拥有一家企业，就说明你已经有了一部分客户群体。现在，你需要针对这些客户群体输出你的知识内容。你可以单独输出知识产品，也可以同时输出知识产品和实物产品。此时你的知识内容输出，相当于你在原来服务价值的基础上增加了一项服务内容，这项服务内容就是你的方法论。

知识体系是一套解决问题的方法论，如果你增加了个人品牌知识输出，你在这个行业领域中就提供了更多的附加值，在市场上的竞争力也会相应加强，同时也能增强客户的黏性。

如果你是销售餐具的，可以把餐具和做菜的方法捆绑在一起销售，这时客户买的不仅是餐具本身，还是一套做出好菜的方法论。如果你想要招募加盟商，可以提供一套餐具店的运营模式和如何开好餐具店的方法论，保证加盟商能稳定获取利润。这样一来，客户加盟你的公司就会特别放心，你的业务也会非常稳定。

小结

个人品牌变现的逻辑与传统生意变现的逻辑恰恰相反，传统生意是先有产品再找客户，个人品牌则是先创作内容，再有粉丝，最后是变现。

传统创业的方法是离职—筹钱—开发产品—找客户—赚钱，打造个人品牌创业的方式是打造知识产品—找到客户—赚钱，一个高风险，一个低风险。

思考

你会如何累积粉丝，如何开创自己的事业？

6.1.2　如何设计个人品牌的输出内容

第一步，确定客户画像。

找到了精准的、高价值的个人定位后，你需要梳理出清晰的客户画像，把客户的需求、年龄、收入、职业和特点清晰地描述出来。越是了解客户，越能知道客户的需求，也越容易推荐产品。

第二步，确定输出的内容。

输出内容时，不要太过随意，而是要根据自己的定位，根据自己知识体系的结构输出内容。一般来说，连续 30 天这样做就会有非常明显的效果，如果连续100 天有体系、有逻辑地输出内容，你的粉丝就会形成一定的阅读习惯，他们会不断地跟踪阅读这些内容，自然会形成强客户关系。

过去很多做自媒体的人会选择"蹭热点"，只要有热点出现，他们就撰写相关的文章。这种在当时能够快速获得粉丝的方式会随着客户红利的消失而逐渐被淘汰。打造个人品牌需要专注到垂直细分领域，围绕着这个细分领域去输出内容，这样客户黏性自然会非常强。

假如你是一名中医，你就不断输出关于中医养生保健的内容，有这类健康需求的客户就会关注你并跟随你的内容。而且当客户决定向医生咨询如何保养身体的时候，你也会成为他们的第一选择。假如你是育儿领域的，你的客户是妈妈们，了解她们的需求并反复输出这一个领域的内容，就能获得妈妈们的长期关注。

当然并不是不能"蹭热点"，"蹭热点"是获得更多关注的技巧。热点与个人品牌的相关性比较大，才能发挥"蹭热点"的作用，能让更多人知道并认可你，而如果只是生搬硬套，粉丝会非常抗拒。

有一个叫罗大伦的中医学博士，坚持写有关中医的内容很多年，他输出的内容大多是非常细小的知识点，但是非常专业。虽然他的粉丝数增长速度并不快，但是特别稳定，我也是其中一个忠实粉丝。5 年过去了，我依然在关注他的内容。

前两年，他开始输出一个新内容——《道德经》。有人可能会觉得中医讲《道德经》是偏离了自己的定位，其实不然。《道德经》是传统文化，而中医同样也是传统文化，两者的很多理念是不谋而合的，非常具有相关性。

而且他能够开发中医之外的其他相关内容，也能从侧面说明他是一个非常有钻研精神、不断学习的医生。我听了他讲的《道德经》，觉得他的理念很好。他说，《道德经》本身就是一剂良药，很多人的疾病是由内心纠结所致，听完《道德经》有些人能不治而愈，就是因为遵循了"道"的法则，放宽了心胸，心态调整好了，病也就慢慢调整好了。由此可以看出，中医和《道德经》是具有一定的相关性的。

我们输出的所有内容也并不一定都要是自己的专业内容。在移动互联网上进行个人品牌输出时，一定要让粉丝感觉到自己是一个活生生的人，是有情感、有生活的人，而不是一个专业领域内的知识机器。因此我们在输出的过程中可以适当地输出自己的生活方式，讲述自己的价值观，比如可以讲述自己在什么地方吃了什么东西，去了什么地方游玩，在游玩中有什么感悟或者读了什么书，如图 6-3 所示。

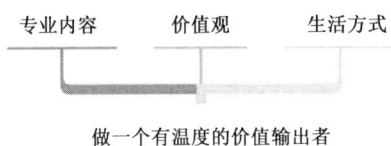

图 6-3　做一个有温度的价值输出者

李欣频，一个写了 50 本书的人，被誉为台湾的"文案天后"，她的广告文案像诗一般优美，影响力大到直接带火了台湾的诚品书店。

她并不是只写专业文案，她还陆陆续续写了自己在几十个国家旅行时的感悟，以及她的生活感悟和情感感悟，如《情欲料理，爱情厨房》《食物恋》《十四堂人生创意课》等。她甚至能把自己购物时讨价还价的过程描述得活灵活现，通过她的文字，你似乎能够看到一个在非洲炎热的集市上疯狂讨价还价的可爱女人的形象。

做个人品牌一定要让自己的品牌有温度。因此在输出内容时，你可以分享健身的感悟，也可以倡导粉丝一起健身，这些是你的生活方式，也是你生活观的一种体现。个人品牌不像产品品牌，产品品牌更多的是讲述产品的优点，而个人品牌一方面是输出知识体系，另一方面是输出个人价值观。我们更愿意跟一个有温度、有生活的人产生连接，而不会和一个冷冰冰的产品交流。

小结

在输出内容时你可以输出专业，但同时也要输出生活方式和价值观，做一个有温度的人。

思考

你在生活中是一个冷冰冰的人还是一个有温度的人？

6.2 粉丝增长与变现策略

优秀的你，需要被更多人看见。如何实现粉丝增长与选择什么样的变现策略是实现个人品牌变现的重中之重。

6.2.1 粉丝增长的八大渠道

个人品牌推广的渠道有很多，但并不是每一个渠道都适合你。你需要多尝试，因为只有尝试才有更多可能性。在这里我列出了粉丝增长的八大渠道，如图 6-4 所示。

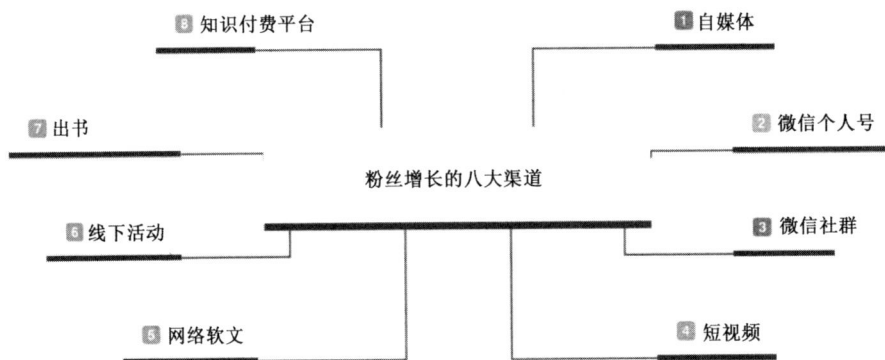

图 6-4　粉丝增长的八大渠道

1. 自媒体

自媒体有很多种类，其中微信公众号是非常重要的一种，所以打造个人品牌最好是要有一个个人的微信公众号。虽然微信公众号目前的流量和阅读率下降非常严重，但是微信公众号依然是个人品牌的根据地，是"铁粉"的汇聚地，是承载粉丝最重要的地方。

除了微信公众号，你还有别的自媒体可以选择，比如简书、头条号、百家号、搜狐号、大鱼号等。有人可能觉得现在的自媒体都可以一键转发，所以只要写一篇文章，然后在所有的自媒体平台转发就可以。这样做当然没有太大问题，但是你一定要确定哪一个是你的主战场。

如果你自己的粉丝比较多，微信公众号依然是最优选择。因为微信公众号是一个相对封闭的平台，而且几乎每个客户每天都会打开微信，他们如果能把你置顶，每天就能第一时间看到你的动态。

如果你想迅速地扩大流量，可以选择那些公开的平台，如头条号、简书、搜狐号、大鱼号、百家号。这些平台会主动把你的文章推荐给相关客户，只要有一篇文章写得特别好，你可能一下子就能获得上万粉丝甚至数万粉丝，实现知名度的迅速攀升。

我建议可以先建立一个微信公众号和一个公开类平台的自媒体号，这样你既能够保证一部分"铁粉"在公众号能每天看到你的内容，也能够通过一个开放平台，去获得更多的流量。

2. 微信个人号

很多人可能会觉得微信个人号有点太小，成不了一个平台。事实上个人号虽然算不上一个平台，却能够实现你和粉丝的一对一交流，是构建个人私域流量的重要方式。现在有很多大咖会把自己的粉丝导入到微信个人号。

打造个人品牌，最好能够建立一个微信个人号的矩阵，将不同类型的粉丝汇聚到不同的个人号中。比如我自己的微信就有针对职场人士、自由职业者、创业者和企业家等不同类别的粉丝开通的个人号，形成了微信个人号的矩阵。

个人号的好处是可以每天发布几条朋友圈，让粉丝经常看到你的动态，了解你的生活、你的思想和你的知识，你们的连接会更加紧密。

有的企业老板和创业者觉得打造个人号浪费时间，但是个人号的确是维系"铁粉"的一个重要渠道。一个个人号最多可以添加 5000 个粉丝，10 个号就是 5 万个粉丝。如果通过广告的方式获取 5 万个精准客户，至少需要花上百万元的广告费，而利用个人号做广告则可以不花一分钱。

奶粉行业每获得一个新生的客户，需要 690 元的推广费用；高端手表每获得一个精准客户，需要 1000 元的推广费用。这样计算一下收益与成本，就能很清楚地知道打造个人微信号是一个性价比超高的途径。

3. 微信社群

如今，看电视的人越来越少，微信公众号的打开率也在降低，而汇集在社群中的人却在与日俱增。一个 500 人的社群，相当于一个 500 人的会场，甚至相当于一个 500 人的招商会现场，在社群你能做很多意想不到的事。

但是目前为止能够真正运营好社群的人并不多，所以很多社群最终成为广告群、死群，大家都不愿意在群内发言。这其实给我们带来了一个巨大的机会，就是在大部人还没有掌握社群运营的核心理念时，我们如果能够运营好社群，就一定能够获得大量的粉丝。

社群有一个巨大的好处，就是能实现粉丝的快速裂变。原本组建的一个 100 人的社群，通过裂变的方式，可以迅速变成 10 个 100 人的社群；而 10 个 100 人的社群，也可以迅速裂变成 100 个 100 人的社群，这样你就拥有了 1 万个粉丝，而且通过裂变进入群内的人也都是有相关需求的人。

社群还有一个好处，就是可以在群里@所有人，这样就等于每天都能主动和所有粉丝产生一次互动。你可能会问，这跟个人号有什么不同？其实这是有很大区别的。因为如果微信个人号每天给每一个人发布消息，对粉丝而言很可能是一种骚扰；而社群就不同，每天发布一条消息在群内，群员可以自行选择是否查看，这样并不算骚扰。

而且如果粉丝不退群，也就是他们默认接受了你在社群里发消息，如果有需要，他们也可以在社群里通过爬楼的方式查看内容。

此外，社群里面还可以讲课，这能更深层次地与粉丝产生连接。讲课可以是文字输出的形式，也可以是语音输出的形式，你甚至可以通过视频的形式发课程到社群里面，让粉丝能听见你的声音，看见你的人，这样他们会感觉特别有亲切感、有温度，你的信息也能通过视觉、听觉两方面进行传递。

同时，很多商品销售也可以在社群里完成。比如召开商品发布会、设置抢购接龙、讲述产品特点、分享产品使用案例等。在一个 500 人的社群里介绍产品，商家就相当于对 500 人召开了一次招商会，既免去了招商的场地、差旅、接待等费用，也节约了大量的时间。

所以，要打造个人品牌，如果你是 0 基础，可以从建立一个自己的微信社群开始，从前 100 个粉丝做起。

4. 短视频

现在短视频非常火爆，已经成为获得粉丝的一个重要的红利入口。如今短视频 App 有抖音、快手、西瓜视频、火山小视频、微视、YouTube 等。随着 5G 时代的到来和 VR 技术的成熟，短视频将成为下一个阶段获取流量的风口。

短视频的输出并不像大部分人所想象的那么简单，似乎只要随意录制一个 15 秒的视频，就可以获得大量的粉丝，其实不然。短视频的创作需要剧本，需要专业的拍摄及一定的表演节奏把控。我们所看到的高质量的短视频，大多是由专业的机器设备、专业的灯光和专业人才的配合才制作完成的，很多"大 V"号也是有专业团队运营的。

不过，粉丝对你的视频录制效果要求并没有那么高，他们需要的是你输出的内容对他们有帮助。所以在未来打造个人品牌，用短视频获取流量依然是非常重要且有效的方式。

5. 网络软文

很多名人，只要在百度上搜索他们的名字，就能搜到很多关于他们的信息。在网络上发布信息，让想要了解你的人能够迅速找到你，是建立信任感的最佳方式。

你可以选择在网络上发布软文和新闻稿，比如由你主办的或是出席的高品质活动，你都可以撰写一篇新闻稿，在各个网络平台上发布。

在发布软文时，最好能够把你的名字嵌入进去，这样当别人搜索你的名字时，这篇软文就会自动呈现出来。这种方式会使客户对你更具有信赖感。设想一下，如果我们想要了解某一个人的信息，也会自然而然地搜索这个人的名字，如果发现有好几篇关于此人的报道，信赖感也会随之加强。

6. 线下活动

当你有了一定的粉丝量，就可以适当地开展一些线下活动，更进一步地与粉丝加深接触。最初开一个线下活动，也许只有几十个人，甚至只有十几个人参加。不过没有关系，至少你可以记录下活动现场的照片，发到你的自媒体中，告诉你所有的粉丝，你正在做这件事，你是一个真实的人，并不断地在举办类似的线下活动。

对个人品牌的感知并不是只有直接参与活动才可以获得，即便只是通过网络看到你开展过线下的活动，粉丝对你的感知度也会大大增强。比如我们在视频网站上看到 Jeep 汽车举办了一场活动，虽然这场活动我们并没有参与，但是我们依然能感受到 Jeep 汽车的良好越野性能。再比如 LV 发布了一个新品，发布会上国际名模穿戴着 LV 的产品出现，导演与影星在高脚杯的交碰中侃侃而谈，那种时尚与闪耀的感觉，隔着屏幕我们也能感受到。

如果你是一名企业家或是创业者，线下活动就更应该有规划地做。现在有很多可以发布线下活动的平台，如"活动行""活动聚""互动吧"等。你可以把线下活动发布到这些平台上，通过平台吸引更多的人关注你。最近樊登读书会就在"活动行"上发布了一个"个人影响力"的沙龙并邀请我去做分享嘉宾，报名人数达到上百人。

另外，你还可以把活动的页面放到你的个人号、社群和自媒体中，让粉丝通过点击购票参与你的线下活动。

7. 出书

出书是获得粉丝的一个重要方式，在没有自媒体的时代，很多人打造个人品牌的渠道就是出书。

一些企业家也选择通过出书的方式提升个人品牌的影响力。稻盛和夫创办了两家世界 500 强公司，但是真正把他的影响力扩展到全世界的其实是他的书籍。他有一本书叫《活法》，后来还陆续写了《干法》《阿米巴经营》《创造高收益与商业拓展》等书。假如没有这几本书，我们怎么能知道这个人的影响力？又怎么能理解他的思想？

樊登读书会的创始人樊登现在已经很有名了，但是他仍然在写书。他出版了《低风险创业》，还有《可复制的领导力》。通过这两本书，他不仅获得了更多的粉丝，还加深了老粉丝对他的认可。

出书能进一步提升你的个人品牌价值。不要觉得出书是一件非常困难的事，只要你坚持输出内容，每天写作 1000 字，一年就可以写出 36.5 万字，这已经是两本书的基本内容了；如果每天写 2000 字，一年就是 73 万字，这是 4 本书的内容；哪怕每天只写 500 字，一年也有 18 万字，也能成为 1 本书。

打造个人品牌是终生的事业，如果每年出 1 本书，10 年就可以出 10 本书。这种日拱一卒、每天坚持的做法，一定能积累越来越多的内容，更好地完善你的知识体系和个人品牌，从而获得更多人的认可。我相信，一个能够出 10 本书的人，他的知识水平一定不差。我给自己定的出书计划也是每年至少出一本书。

8. 知识付费平台

在知识付费平台销售课程，是一个增加粉丝的有效方法，因为知识付费平台上有大量想要学习的人，这些人会特别关注内容，他们对个人品牌也有着天然的认知。如果你的课程能够在一些大型知识付费平台上发布，你的品牌与理念将很可能迅速传遍网络。

虽然粉丝增长有八种渠道，但并不是每一种都要去尝试，你只需要选择最适合自己的渠道就可以了。这八个渠道中最基础的是自媒体、微信个人号和社群，这三种方式是打造个人品牌、获得粉丝的最佳搭档。

小结

获得粉丝的渠道多种多样，本节介绍了八种，选择适合自己的就好。

如果你精力充沛，建议多选择几种渠道；如果你精力有限，则可以选择"自媒体+微信个人号+社群"这组最佳搭档。

思考

你目前使用了哪些渠道，下一步打算如何布局？

6.2.2　内容输出与变现策略

当确定了粉丝增长渠道后，你就要确定自己的内容输出策略了，为此可以先规划一下自己输出的内容特点。比如你是喜欢讲故事，还是喜欢讲道理，这两者使用的策略就有所不同。很多人喜欢先讲述一个道理，再通过讲述故事来论证道理，最后总结方法，这就是一种写文章的策略，做社群和个人号也要选择一种内容输出的策略。

比如在个人号上输出，你可能会每天输出三条内容，分别涉及你的知识体系、生活和交友娱乐。

而社群输出的策略则可以根据社群的特质和需求来设定。我在自己的社群里设置了一个"每日一问"栏目，早晨我会提出一个关于个人品牌的非常具体而细小的问题，并要求大家和我一起互动，回答问题，晚上会公布我自己的答案。

目前"每日一问"我已经出了 300 多期，有很多人每天关注"每日一问"并形成了阅读习惯。曾经有不少人告诉我说，每天晚上他就等着看我公布"每日一问"的答案，像追连续剧一样。

你需要为自己做一个输出计划，并每天完成这些工作。

你是打算一年裂变 1 万个粉丝，还是 10 万个粉丝？对这件事情你要有一个大致的目标，并根据你的目标来制订计划。

有了这个目标后，你需要去尝试不同的裂变方法，比如课程裂变法、礼品裂变法、资料裂变法、社群裂变法、打卡裂变法等。我们在上一章已经讲过有四大类产品可以变现，当你有了粉丝后，就可以把你的产品有计划、有策略地进行变现。

变现策略一定要把握好。先有入口产品不断引流，给予客户尝试机会；然后有爆款产品为你获得利润，而且还要通过爆款产品进一步拉近与客户之间的关系，让客户感受到你的产品是超值的并以此获得客户的高度认可；当客户非常认可你时，再推出高利润的咨询产品；当粉丝逐渐增多且他们对你的生活方式和品牌理念非常了解时，就可以开始推出跨界产品了。比如，你非常喜欢浪琴手表，就可以推荐浪琴手表；你非常喜欢香奈儿，就可以推荐香奈儿香水。这本身就是你生活的一部分，在推销时你的粉丝并不会觉得突兀。

通过八种渠道和四类产品，以及如图 6-5 所示的组合变现策略，相信你一定能获得非常诱人的个人品牌变现收益。

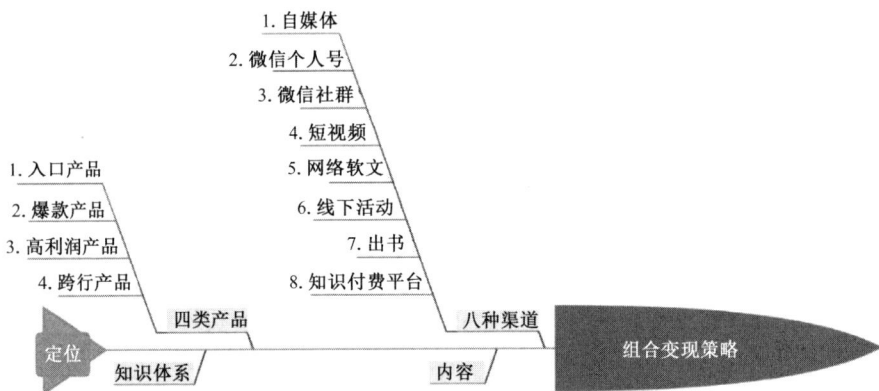

图 6-5　组合变现策略

本章总结

本章为你阐述了如何"被看见"的逻辑和八大渠道，总有适合你的方式。也许你并不能全部用上，但是建议尽可能地多尝试，让自己有更多可能性。在移动互联网时代，即便从 0 开始，也能实现从 0 到 1 的创造，完成你的个人品牌传播。

个人品牌变现逻辑与传统生意的变现逻辑完全不同，所以不要拿传统生意的套路来套个人品牌变现的路径。个人品牌变现的逻辑是先有粉丝、再有产品，传统生意的逻辑是先有产品、再有客户，这个根本性区别让你有机会实现低风险创业。

第 7 章

社群营销：用社群成就百万粉丝

什么是社群？社群就是有共同兴趣爱好或共同目标的一群人共同做一件事的圈子。

7.1 私域流量池

私域流量是指拥有不需要付费就能在任意时间直接与客户接触的渠道，广集这样的渠道就可以打造私域流量池。

7.1.1 为什么要做私域流量

我为什么力推打造个人品牌一定要做私域，并且花大量篇幅告诉大家做私域的核心方法？这是因为个人比不上公司，没有太多资金去支撑广告投入，也没有获得客户的广泛渠道，而私域社群营销是个人获得大量流量、实现快速成交的最有效方式之一。

虽然微信诞生的时候就已经有了群功能，但社群营销在 2019 年才开始真正提升到战略层面。2019 年，很多连锁企业、实体企业，甚至世界 500 强企业都开始关注社群营销。出现这种情况的重要原因是，流量红利期已经过去，流量成本越来越高。

所以，社群这种看似不起眼的获取流量的方式，开始逐渐被大家重视。社群营销对于打造个人品牌来说是最佳途径之一，很多人通过社群获得了数十万乃至数百万粉丝，完美解决了个人品牌的流量与成交率这两大核心问题。

7.1.2 为什么打造个人品牌要做社群营销

社群营销具有以下三大好处，如图 7-1 所示。

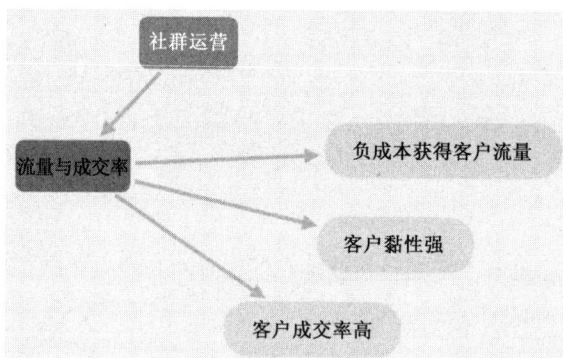

图 7-1 社群营销的三大好处

1. 负成本获得客户流量

过去我们做广告，即便是做互联网广告，不管再怎么降低成本，也需要花费很大一部分资金。而通过社群营销获取流量，则可以实现负成本营销，也就是通过赚钱的方式做广告，这可以说是过去从未有过的方法。

2018 年下半年，我开始通过社群获得个人品牌训练营的学员。我精心策划了一个打造个人品牌的公开课，课程只有 2 天时间，每天授课 1 个小时，收费 9.9 元。

通过在我的朋友圈发布及在之前积累的粉丝中传播，一天的时间有 1000 多人进入社群。当客户购买这个课程并进入我的社群后，我马上发消息提醒他们：如果把课程海报发送到自己的朋友圈，有人通过你购买了这个课程，你就可以赚取 8 元钱。就这样，第一批的 1000 多人分享朋友圈的举动，又为我带来了 8576 名学员。

然后，我又给这 8576 人发送了同样的消息并补充道：如果通过你购买课程的人数达到 20 人，你可以赚 160 元，另外还将获赠一本笔记本。通过这 8576 人的裂变，最后我建立了 132 个社群。

这一次社群裂变我获得了 5 万名粉丝，不仅没有付一分钱的广告费，还获得了近 10 万元的收入。这种负成本营销的方式，在过去是无法想象的。

当然，这个公开课的内容我也做得非常丰富，价值远远超过 99 元。当粉丝只花费 9.9 元却体验到了价值 99 元的公开课时，所有人都会认为我的其他知识产品的价值也很高。于是，我在课程结束时，推荐了我的个人品牌训练营。

这种社群营销的方式使我实现了负成本营销。各行各业都有大量的专业知识，它们都能够以课程的方式在社群内分享，收费与否随你选择。

2. 客户黏性强

社群是具有共同兴趣爱好或共同目标的一群人共同做一件事的圈子，在这个圈子里面，大家的参与感非常强。任何一个组织，如果参与感不强，这个组织里的人就会逐渐失去黏性。在社群里，我们可以每天发布消息，可以@所有人，每天与客户互动三五次，但是在微信个人号，如果你每天一对一发送消息，极有可能会被拉黑。

我的个人品牌研讨群里"每日 1 问"的栏目，就是一种不断与粉丝互动的方式，如图 7-2 所示。在这个过程中，粉丝能更加了解我，我们之间的关系也会更加紧密。

图 7-2　社群互动"每日 1 问"

后来我发现，有很多社群模仿我的"每日 1 问"，甚至有的粉丝直接把我的"每日 1 问"搬到自己的社群内。我并没有谴责或制止他们，因为如果我写的知识点能够帮助到他们，对我来说也是一件开心的事情。

3. 客户成交率高

有很多保健品公司、保险公司及直销公司都采用会销的方式做销售。比如安利公司，每年采用会销的方式能够销售价值数百亿元的产品。为什么这些公司都偏爱会销的方式呢？这是因为会销能在现场形成一种购买的氛围，有些客户本来还在犹豫，但看到别人都在购买，自己也会决定购买，因此更利于批量式成交。

社群营销的方式同样能形成这种大家一起购买的氛围，更有利于提升成交率，让成交变得更加简单。

小结

社群能解决流量和成交率两大核心问题，运营社群有负成本获得客户流量、客户黏性强和客户成交率高三大优势。一个 500 人的社群相当于一个拥有 500 名熟客的小卖部、拥有 500 名学员的培训会、有 500 个商家参与的招商会，而且能够节省所有的场地费和餐饮费。

思考

你是如何理解社群的？你目前的社会活跃度如何？

7.2　如何构建百万社群私域流量池

引流粉丝、构建流量池是社群营销的起点，可以通过以下四个步骤实现。

7.2.1　清晰描述客户画像

想要做到精准引流，就必须清楚地了解你的客户是什么样子。进行精准的客户定位后，一定要为你的客户群体画一个清楚的图像，即客户画像。客户画像清晰，你才能找到大量的客户来源。

你不是没有客户，而是客户都在别人的流量池里。你只需要知道自己想要什么样的客户，然后在别人的流量池里捞取自己想要的客户即可。

作为一种勾画目标客户、发现客户诉求与确定产品设计方向的工具，客户画像在各领域已经得到了广泛的应用。客户画像用最为浅显和贴近生活的话语将客户的属性、行为与需求连接起来，如图 7-3 所示。

描述客户画像不能只简单地描述客户的年龄、性别、职业，更要注重客户的生活描述及内心需求，这样我们才能更好地与客户沟通。客户画像可以使我们的服务对象更加聚焦，使我们的服务更加专注。

图 7-3　客户画像

但是，我们有时会看到，描述一个产品的期望目标客户时使用的是男人、女人、老人、文青等词汇，这样尽管做了客户画像的工作，以为客户群体已经清晰了，但其实会让产品走向消亡。因为每个产品都是为特定目标群体的共同标准服务的，目标群体的基数越大，这个共同标准就会越模糊。

如果你是美容师，开了一家小型美容院，那么你的美容院的客户画像很有可能就是本市的 25～40 岁的爱美女士，并且有一定的消费能力，以距离本店 2 公里内的客户为主。这是基本的描述，而要进一步筛选出核心客户，可以通过一些标签来锁定。

客户标签是客户画像最核心的部分，可以理解成客户特征的一系列符号表达。每个标签都可以理解成认识客户的一种角度，并且每个标签之间都有一定的联系，组合到一起就能形成一个完整的客户画像。

我们可以从基本属性、行为特征、心理特征、兴趣爱好、购买能力及社交网络这六个基本维度来做好客户画像，如图 7-4 所示。

图 7-4 做好客户画像的六个基本维度

7.2.2 从 0 借到大量粉丝群

要想从 0 开始组建粉丝群，我们可以使用以下几个方法。

1. 借人

每个人所拥有的资源都是有限的，不管是刚刚起步的个人品牌，还是营业额过亿元的企业，资源永远都是匮乏的，而高手则会把社会的资源和别人的资源整合为自己的资源。

诸葛亮当年的草船借箭就是整合别人的资源。他自己没有船也没有人，于是就向鲁肃借船和船员；他需要箭，于是利用草船从曹操处"借"箭。我们在发展的过程中也要学会借用他人的资源。

比如，你现在微信好友不够多，也不够精准，你完全可以发动你的亲朋好友，请他们每人拉 30 个自己的朋友到你的社群。如果你有 50 个亲戚和朋友帮忙，那么就是 30×50=1500 人，足够建 3 个 500 人的群。而且这些亲朋好友帮你拉人时，也一定会向他人介绍你，进群的人作为你朋友的朋友，很可能会成为你的初始粉丝。

第一批客户每个人的手机上又有他们各自的亲朋好友，如果这些人每人再帮你拉 30 个好友进来，就是 1500×30=45000 人，就算打个两折，也有 9000 人。问题是怎样激励进来的这些人帮你拉人？这就需要你设计一个"诱饵"，给他们一个无法拒绝的理由。

2. 借群

借人，是一个一个地借；而借群，则是一下就有成批的人。别人的群里可能已经有好几百人，你能否直接拿来用？我们每一个人的微信上都有很多群，如学习群、办公群、会议群、吃喝玩乐群等，只要其中有符合你的客户画像的群，你都可以去借。

但是有很多小伙伴经常跑到别人的群里直接发广告，这样做不仅会招来反感，还会导致你的消息没有人看，甚至被踢出群。而且，现在做社群运营的管理者大多会使用一些软件，如果有人在群里随意乱发广告，机器人第一时间就会把发广告的人踢出群。

因此，在进群时你可以先和群主打个招呼表示感谢，最好发个红包，然后再进行自我介绍。自我介绍一定要写好，尤其是写清楚自己有什么样的价值。另外，不要忘记说明自己可以提供什么样的礼物，如果别人加你就可以获赠礼物。

这样的做法一般不会引起反感，而且会吸引一些人主动加你。这种通过被动吸粉的方式进来的基本都是精准粉丝，可以避免浪费太多时间。

借群最好的方式就是借竞争对手的群，因为这些社群里的粉丝最精准。那么如何找到竞争对手的群？

第一个方法，关注对手的公众号，搜索他们是否放出过加群的二维码。如果竞争对手曾经组建过社群，那么这些群的二维码或个人号的二维码一般都会放在公众号里。

第二个方法，用关键词搜索公众号文章，很多人的文章内直接会有入群的二维码。你可能会说，我找到一个群的二维码，最多也就是 500 个粉丝，如果竞争对手有 10 万粉丝，我怎么才能找到其他的群？

其实通过一个二维码你就能找到对方所有的群。很多大咖或大型企业使用的都是"活码"，一个二维码所代表的群加满后，便会自动切换，让大家能够继续加第二个群。一般情况下，当群里有 100 人时，活码就会自动切换到第二个群，再到第三个群，依此类推。

因此，如果你能够找到竞争对手的活码，分时间段进群，那么你就能进入对方拥有几十万粉丝的众多社群，进行内部借力了。

3. 借平台

目前很多知识付费平台里的课程都有交流社群，你可以花少量的钱，进入各种课程的群，直接接触到最精准的客户。

比如你是健身导师，你可以购买其他人的健身课程，加入他们的群，和群员打成一片，把群内的客户通通变成自己的粉丝；如果你是文案导师，就去购买写文案的课程，在进入社群后和群员探讨文案的话题，帮助群内的成员修改文案，并在群内发一些自己写的文案，分享一些自己读过的书，以此吸引他们主动加你。

4. 写文章

写文章有一个巨大的好处：一旦你的文章进入百度搜索，就能永久保留在网络中，不管什么时候，只要有人搜索到你的名字，就能看到你写的内容。因此，你可以在文章中留下联系方式，让读者知道怎样联系到你，或者设置留言回复的板块，让那些有需求的人主动联系你，这种方式也能获得最精准的客户。

当这些人添加你的个人号后，你可以拉他们进入社群，用社群的方式来运营和维系。

7.2.3 让粉丝核弹式裂变

裂变是从 1 变成 2、从 2 变成 4、从 4 变成 8 的过程。裂变也是宇宙中产生巨大爆发力的法则，原子弹之所以有那么大的威力，就是因为原子核能快速裂变。

裂变的威力实在太大了，应该成为成就人生的一大重要法则，不管是打造个人品牌，还是做自己的事业，都应该遵循裂变的法则。

假如你最初拥有 1000 个粉丝，他们每个人都给你带来 10 个人，那么很快就会变成 1 万人；同样的道理，这 1 万人每人再带来 10 个粉丝，就变成了 10 万个粉丝。裂变就是从最开始的一颗很小的种子，不停地发芽生长，开枝散叶，每一个树枝每一片叶子又不断地再生长，最后长成一棵参天巨树。

我们想要让这些人帮助我们进行裂变，就需要一个非常有刺激性的利益点。有这么几种方法，能够立即让你的粉丝数扩大 10 倍乃至 20 倍。

1. 知识型裂变

知识型"诱饵"零成本、裂变快、黏性强，最适合社群裂变使用。樊登读书会到 2019 年拥有 2000 多万会员，这些都是通过知识型裂变产生的粉丝。

为什么有很多人也做了裂变海报，但是裂变效果却不理想？有的是没有人愿意转发海报；有的是粉丝刚刚裂变 1 天就停下来了；有的是连自己的朋友也不愿意转发。究竟是什么原因造成的呢？

做裂变虽然仅仅需要一张海报，但是也大有讲究。正因为仅仅有一张海报，能写的内容非常有限，所以对内容的要求就更高。裂变海报案例如图 7-5 所示。

裂变海报有六个要点，分别是课程主题、讲师头像、信任背书、课程价值、赠送礼物和分销佣金。你需要在这六个方面狠下功夫，把这张海报做得足够吸引人，只有这样才能吸引更多的人加入并让他们不断地帮你转发朋友圈。

图 7-5 裂变海报案例

2. 超级赠品

现在的客户对赠品是有一定要求的，如果商家的赠品不够分量，裂变也会失败，所以设置超级有诱惑力的赠品是至关重要的一环。

假如你是健身领域的，可以赠送整整一周的体验课程；假如你是美容行业的，可以赠送一套名牌精品小样；假如你是做手工皂的，可以赠送一整套全家试用装。

客户要想免费领到赠品，就需要帮你转发朋友圈或转发到群。这么送超级赠品会不会亏钱？当然不会，只要把后端的营销产品设置好，当客户去领取赠品时，你就可以向他们推荐另外一套令人难以拒绝的高性价比产品。

赠送价值足够高的资料，同样能够达到快速裂变的目的。假如你是餐饮行业的设计导师，可以赠送 30 份餐饮行业报告、1000 张最新设计海报、100 份营销方案、100 份融资计划书，另外再加 100 个社群营销案例 PPT。

这么一份超级大礼，相信只要是餐饮行业的从业者，都会想要领取。领取这份超级大礼有一个条件，需要拉 3 个从事餐饮行业的朋友到群内。这时把福利群和拉人群分开，新人只能先进拉人群，每个新进来的人，在完成拉人的任务后，才可以进入福利群领取礼包。

这样就能形成不断裂变的效果，从最初的 100 人裂变到 300 人，从 300 人裂变到 900 人，从 900 人裂变到 2700 人。只要裂变顺利，一天就可能增加几万个粉丝。

赠送资料的裂变方法不止于此，还有一招需要考虑，那就是赠送的每份资料中一定要植入自己的信息。当所有人打开资料时，你将再一次在他们眼前曝光。当这些人把资料分享给他们的朋友时，你又会在他们的朋友面前再度曝光。

超级赠品有很多种，各行各业都会有不同的超级赠品，你可以根据自己的行业，找到合适的超级赠品。设置超级赠品的原则是赠品的价值足够大、赠品的成本足够低、覆盖的人群足够广，如图 7-7 所示。

图 7-7　超级赠品法则

只有设置这样的赠品，你才能承担得起赠品的成本，还能让更多的人进入你的社群，把"鱼塘"做得更大。如果发现设置的赠品吸引力不够，那就不断地调整赠品，核算成本，直至找到最合适的超级赠品。

3. 组队裂变

有了超级赠品，你会发现裂变的速度变得非常快，那么有没有更快的方法，可以实现几十倍甚至几百倍的裂变呢？有，那就是组队裂变法。任何一个人的资源和能量都是有限的，充分运用团队的力量才能更好地实现超级裂变。

组队裂变需要你首先在自己的社群内招募到社群裂变队长，让队长帮助你实现裂变。想要找到裂变队长，组建一支强大的裂变团队，你首先要考虑清楚队长能获得什么利益。

在这一点上，建议大家一定不要吝啬，尽量将队长的获利设置得让人无法抗拒，比如队长可以获得团队奖励、队长可以跟你学习社群裂变的知识、队长可以加入队长圈子链接更多的人脉资源等。如果你本身就是大咖，能够加入你的团队就是一种收获，也是一种荣耀。

比如，我在做社群裂变时，给了我的队长三个无法抗拒的理由：一、队长可以获得团队裂变奖励的 10%；二、裂变效果前三名的队长分别可以额外获得 2000 元、1000 元和 500 元奖励；三、这个项目结束以后，我会为队长拆解本次裂变策划的整个过程。

这三点覆盖了经济利益、知识利益和圈子利益，因此我每次都能招募 50～200 名队长。这样就不是我一个人孤军奋战，而是由"正规军"和"雇佣军"两个"军队"共同作战，效率当然能提升几十倍。

7.2.4　让裂变的客户留存在流量池

采用超级裂变的方式，能够迅速汇聚大量粉丝。但微信群是一个即来即走的地方，如果客户加入社群领取礼物后就离开，将是一个巨大的损失。那么，如何才能让客户留存在自己的流量池？

我们需要建立四大流量池工具，分别是微信个人号、微信公众号、微信社群和会员中心。如果你有更大的精力，还可以建立知识星球，让所有的会员在知识星球里与你不断地互动。

邹总曾经做了一个领酒活动，赠送价值 199 元的酒品，当时有很多客户排队来领取。免费领酒没有问题，邹总也确实没有收取一分钱，但是他有一个领取的流程：第一步，加他们店员的微信；第二步，注册普通会员卡；第三步，转发朋友圈；第四步，关注他们的微信公众号。

你可能会问，这么复杂，客户会不会不愿意做？当然，过程越复杂，客户就越不愿意做。但是如果每一个环节都能够让客户感觉到，这么做是为了他们的利益，效果就会不一样。

在客户排队领酒时，店员首先会说："您可以加我微信，如果发现酒有什么问题可以直接联系我，我帮您调换。"这是一种负责任的服务，客户无法拒绝。

接下来，店员会跟客户讲："现在可以免费注册会员卡，店里的酒水分会员价和市场价，您如果注册了会员卡，以后来店里买酒可以直接享受会员价，能省很多钱。"免费注册会员卡还能省钱，几乎没有人能拒绝。

然后，请客户转发朋友圈，帮忙宣传活动。这时店员不需要问客户是否愿意帮忙宣传，只需要说："这么好的活动，转发朋友圈也可以让你的朋友免费领取，也是一种对你朋友圈好友的回馈哦。"这时客户会感觉自己是在分享好物帮助他人，基本都会考虑转发。

最后，让客户关注店铺的公众号，一般人可能会拒绝，怎么办？这时店员可以说："领取酒品时需要核销领取券，因此需要您关注一下我们的公众号，关注后才可以核销哦。"这是一个基本流程，客户为了免费领酒，就必须完成这步操作。

这样的方式就让客户留下了四个可以联系到他的路径，即便客户删除了其中的一两个路径，还有其他的路径可以触达。如果客户一个路径都没有删除，那么你就可以通过这四个路径反复触达。如果你有精力，还可以做知识星球和线下沙龙，这样就有六大触点路径，大大提升了触达率，如图 7-8 所示。

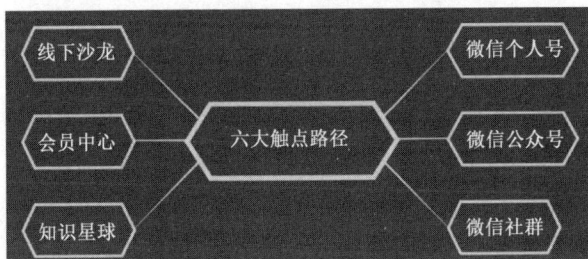

图 7-8　六大触点构建客户流量池

大家可以仔细想一下，自己在做活动时是这样做的，还是只留了一个触达路径？如果只留了一个触达路径，为了防止丢失客户，建议抓紧时间尽可能多地设置路径，并以此为基础构建一个庞大的客户流量池。

小结

原子弹之所以有如此巨大的威力，就是因为原子核裂变；宗教信徒增长迅猛，也是因为有裂变体系。裂变可以让原本从 0 起步的你快速拥有粉丝。

裂变有四个步骤，首先知道客户是谁，再了解客户聚集在哪里，然后通过策略借到客户，最后让借来的客户再次裂变。

思考

你目前的私域流量池有多少粉丝？你打算一年后拥有多少粉丝？

7.3　高效成交：五种快速成交绝技

构建客户流量池的最终目的是成交。有的人虽然通过社群裂变的方式构建了流量池，但是始终无法成交，每次在社群内发布产品，购买者总是寥寥无几；有的人把客户引流到线下，却发现来的人虽然很多，但成交率很低，做一场活动赠送了不少礼品，活动结束后算账发现不挣反亏。最后他们得出这样一个结论：社群营销这事儿不靠谱。

其实这都是没有安排好成交环节所造成的。在这里，我将向大家分享通过线上社群营销把客户引流到店的五种快速成交绝技。

7.3.1　塑造价值法

群成交率不高，根本原因是没有塑造价值。一个没有价值的群，很难有高成交率。

人们之所以愿意参加高端聚会，就是因为高端聚会所带来的价值感很高。高端聚会到底有哪些高价值感的因素呢？从环境来看，高端聚会在场地上一般会选择五星级酒店或私人会所，场内配备红酒、高脚酒杯、精致的点心和整齐的座椅，服务生身穿礼服、手戴白色手套，十分恭敬地提供服务，这是基本的环境。

每一次的聚会必定有一个主题，而且嘉宾也一定是行业内的专业人士，是掌握核心知识的人，短短数语，在场的每个人都能有巨大收获。

此外，场内还会有明星大咖、名师高人、上市公司董事长、知名投资人等，这些人是高端聚会的核心，也是线下聚会的价值。

社群也是同样的道理，社群也需要塑造价值，如果你自己没有这么大的能量，那么就要不断链接更高层级的人脉，让他们为你赋能。

为社群塑造高价值主要有以下五大维度。

1. 主题分享

每个群都需要有一个明确的主题，这是客户留在这里的基本理由，也是最基本的价值体现。有了这个主题，你就可以围绕它不断地分享内容。这是在信息层面上让客户感觉到有所收获。

2. 大咖分享

邀请比自己能量更大的人定期做分享，形成一种传播知识的氛围。学习知识已经成为大部分人的需求，这点在社群中尤其重要。

3. 高端人脉

高层次的人吸引中等层次的人，中等层次的人吸引低层次的人。群内如果有高层次的人，群员也会更加重视这个社群并更加尊重群主，同时高层次的人也会吸引更高层次的人。

4. 资源整合

当社群的人越来越多时，他们之间相互也会产生需求。群主的工作之一就是帮助群员打通沟通渠道。如果群主没有主动打通沟通的渠道，群员是无法主动整合的。

5. 线下聚会

如果你有线下实体店，可以直接邀请客户到实体店参观体验；如果有公司，也可以直接邀请客户到公司聚会；还可以在会所、咖啡馆等场所安排线下沙龙。虽然只是简单小聚，但是你可以把聚会的照片发布出来，让没去现场的人看到，这也是一种能量的传播。聚会不是为了让全部的人参加，是为了传递更大的能量，扩大流量池。

当塑造了这五大价值后，你在群内发布产品信息，购买率就会大幅度提升。

小星是一名文案，她想在社群内销售自己的文案训练营，价格是 399 元，训练营时间是 21 天，内容非常丰富，算是一个超值的产品。于是她在社群内发布了这个消息，结果只成交了 3 个客户，她又将其更名为"广告文案训练营"，又在群内发布，结果一个成交的都没有。

后来我建议她采用"主题分享"和"大咖分享"的方式，每周分享两次，此外还为群员提供针对写作问题的指导。通过 1 个多月为群员赋能后，当她再次推出自己的文案训练营时，很多群员直接选择了购买，尤其是在社群得到过她指导的人，几乎是毫不犹豫地付款。如果没有这段时间的赋能，即便多次发布广告，成交率也会是极低的，甚至不会成交。

记住，价值是成交的根本原因。

7.3.2　制造失去感

获得一样东西使人感到惊喜，失去一样东西使人感到痛苦，人更在意自己失去的东西，因为失去的痛苦远远大于得到的快乐，所以制造失去感更能让粉丝毫不犹豫地下单购买。

因此你可以在每次发布产品时进行限量或限时，而且要限定哪些人有购买的资格，让购买的人有荣耀感，让无法购买或者没有买到的人有损失了巨大机会的失去感。这个方法屡试不爽，不管是苹果手机的排队购买还是奢侈品的限量发售，都是利用了这种心理。

有个商学院每次只招 100 名学员，而且要填写申请表格才能获得报名资格。表格中有一条是"是否愿意帮助其他同学"，如果你选择"不愿意"，就会被拒绝；还有一条是"你有哪些特长可以帮助其他同学"，如果你没有特长，也会被拒绝。报名的同学会把学院招生的高门槛说给周边的人听，于是高门槛也给学院带来了好口碑。

7.3.3　超值诱惑法

我曾经销售过一堂 1 小时的公开课，价格是 49 元，但是如果你出 99 元就可以购买一年的公开课，加起来是 12 次课程，每月会讲不同的主题。

于是，客户会这么算，1 节课是 49 元，如果买 2 节就已经是 98 元，那么花 99 元就算只听 2 次也不亏，况且一次购买一年的课程，平均每节课才 8 元钱，说不定这 12 节课会在未来提供更新、更超值的信息。这样我原来 49 元的公开课每次销售量在 500 份左右，但是 99 元的课程一下子销售了 2000 多份。这就是客户的购买心理，他需要一个超值的购买理由。

健身房、瑜伽馆、培训学校如果用这个策略，立即就能提升 50% 的团课销售额。比如，健身房的健身操团课是 50 元一次，购买 10 节就 400 元。但是如果一次性付 1999 元就可以购买一年的团课，一共是 100 节课，平均价格才 19.9 元，这太值了。

健身这件事，即便客户买了 100 节课程，一年能坚持去 10 次的人也不多，所以你根本不用担心人满为患。有个做健身连锁品牌的朋友透露,办过年卡的会员 1 年能够坚持来 5 次以上的不超过 10%。

你可以计算一下,如果按照单次收费,每次收 50 元,即便一个客户平均 1 年来 10 次,你的收益也就是 500 元,但是通过办理 100 次打包价的方式就可以收到 1999 元,营业额立即提升 3 倍。

7.3.4　氛围成交法

人是情绪的动物,人们购买东西,大部分时候是因为冲动而购买,所以每逢节日,各个商家都会张灯结彩,营造欢天喜地的氛围,商场里也都特别热闹。这种氛围会让客户热血沸腾,产生不冷静的情绪,从而出现冲动消费。你也要充分用好团队的成员和熟悉的客户,使社群氛围活跃起来。

过年时,超市里张灯结彩,持续播放着喜庆的音乐,同时一眼看过去人头攒动,这些都在提醒你:过年了,该办置年货了。于是你也会冲进去买一大堆东西准备过年。

社群内成交也是同样的道理,你可以把线下的成交氛围搬到线上来,在社群内让熟悉的小伙伴通过发送鲜花、礼品、掌声、烟火等,不断制造欢喜热烈的氛围。

另外你还可以用接龙的方式,那些还在犹豫不决的人,看到已经报名的人数在不断增加,接龙越来越长,他们也最终会忍不住参与接龙。这个方法其实和超市排队买单是一样的道理。

此外,你还可以让团队的小伙伴一起来帮忙。如果有人咨询后有所犹豫,就让社群的其他小伙伴来帮助促成。

记得有一次我在商场购买衣服，在犹豫不决时，有一位同在这家店挑选衣服的客户和我说："这家的衣服质量特别好，我在这家店买过好多衣服。"他语气非常坚定，而且充满了自豪感。听了他的话，本在犹豫的我，立即就刷卡买单了。线上销售也是一样的道理，一旦有几个人同时给予肯定，就会打消客户的犹豫不定，快速促成成交。

7.3.5　负风险成交法

客户在网上购买东西最担心的就是买到假货，担心买的东西不值这个价钱，这一点尤其体现在购买知识产品上。

在网上，一套课程的定价一般最多也就 1000 元，如果你的训练营标价 3000元，客户就会犹豫不决。此时，如果能够让客户感觉没有任何风险，他就会立即下单，甚至可以提升 10 倍的成交率。

张生在网上卖文案训练营，学费是 1980 元，客户下单时特别纠结，成交率不到 0.3%。经过多次的调研，发现很多客户是担心这个课程不像描述的那么好，1980 元也不是个小数。

后来，我建议张生调整营销策略，告诉所有客户，如果学完半年内不能赚回10 倍学费的钱，立即退还 2980 元，比购买金额还多出 1000 元。他特别犹豫，担心客户钻空子，这样不仅浪费了自己大量的时间，最后还要退还 2980 元，这不是亏了吗？

没错，确实可能有人会钻这个空子，但是大部分人是不会要求退款的。即便是有要退款的，相比招来的学员也绝不会超过 10%。而且学员学完后一定会有一部分人确实能够多赚 10 倍的钱，即使有一些人没有赚到那么多，他们看到别的学员居然多赚了几十倍，也会认为是自己的原因。

有了这个承诺后，客户购买率提升到了 3%，提升了整整 10 倍，张生一个月就招收了几百个学员。

负风险对客户的"杀伤力"实在太大，而且客户的初衷也并不是一定要退款，他们看到了你敢于承诺的样子，你对自己产品强大的自信心才是打动他们购买的根本原因。

7.4 五种提升客单价的暗招

目标值法、优先特权法、递减折扣法、附带配件法和结账追销法是提升客单价的五种暗招。

7.4.1 目标值法

很多时候客户到你店内购买商品，其实他们并不知道具体要购买什么，也许他们仅仅想去你的店内领取一份活动赠送的礼物。这时你就需要用营销手法，让客户给自己定下一个目标消费值，让原本并不打算购买的人和仅仅打算购买一件小物品的人购买一定数量的产品，这样能立即实现客单价的大幅度提升。

你可能会想，客户想购买多少东西是他们自己的想法，我们怎么能帮他们定下目标呢？的确，购买多少东西是客户自己的权利，但是我们可以通过营销策略暗示、影响他们给自己定出一个目标。

第一种方式，消费 129 元免费抽大奖，百分百中奖，奖品里有冰箱、洗衣机、电视机还有苹果手机。

这个活动能够把大部分原本只想购买几十元商品的客户，拉升到消费 129 元，有很多日化用品、零食等是肯定用得上的，早晚都要买，既然有活动就可以早点买，还能享受这么好的抽奖机会。

第二种方式，满 400 元减 100 元。

一个客户进到店内，可能只想购买 200 多元的东西，如果想让他（她）将消费额提升到 400 元，则可以设置全场消费满 400 元减 100 元的优惠。

这就是为客户设定一个基本的目标，激励他们完成 400 元的消费额。买够 400 元减 100 元，这时如果客户买了 200 多元，他就会想我应该再凑点，拿到减 100 元的优惠。

这种满××元减××元的营销方式，是京东、天猫这些电商平台最常用的方式。你也可以再往上设置，比如消费满 800 元减 250 元，人们为了得到优惠，往往会选择囤货，努力想自己还缺什么。就这样，通过活动设定，我们使客户定下了消费目标。

7.4.2 优先特权法

很多有钱的大客户，他们经常会购买茅台、五粮液，如果你向他们推荐上好的中药材养生酒，他们也能接受。对这些客户来说，每月买个一两万元的酒是非常正常的事情，那么不如让他们直接充值。

充值 2 万元，赠送一瓶价值 1000 元的五粮液，还能享受钻石客户免费送货上门的服务特权。这种刺激力度足够大，反正也要买，在哪里买都是买，为什么不多拿走一瓶五粮液？

另外，大客户对钱的敏感度不高，但是对服务的要求比较高，他们宁愿多花钱享受特权服务以节约自己的时间，而且充值后不仅能享受上门服务，还能享受到新品的优先推荐。很多名贵药材和名酒，有时很难买到，而一旦店内上新货就会优先通知他，还可以专门留存。对很多大客户来说，优先特权也是一种刚需。

7.4.3 递减折扣法

一名客户购买一件商品，就只能赚一件的钱，假设这件商品 100 元，毛利 50 元，客户仅购买一件，就能赚 50 元，但是你提供的服务时间和客户购买两件所需要的时间差不多。

如果两件 9 折，一件只卖 90 元，毛利是 40 元，而两件的毛利加起来是 80 元，这样一来客单价就提升了 80%。假如客户已经购买了两件，你还可以设置一个三件 8 折的优惠，以更低的折扣诱惑客户购买第三件。虽然这意味着原本 100 元的商品，现在 80 元钱，毛利只有 30 元，但是三件加起来则是 90 元的毛利。

相对于只买一件的客户，买三件可以多赚 40 元。而且这对于商家来说，不仅客单价能够提升，更重要的是产品的需求量也随之变大，这样在供应商那里也可以争取到更加优惠的价格。而且市场地位也会随着市场占有率的提高而提高。

有一次我和朋友一起逛商场，在一个品牌鞋店内坐了一会儿。店员看到我这个老客户来了，赶紧过来跟我说："王先生，我们现在正在搞活动，会员充值 10000 元可以赠送 1000 元，您是我们的 VIP 会员，也经常在我们这里买鞋，有这样的优惠您可千万不要错过。"

我想也是，反正早晚都会买，现在买还能充值白赚 1000 元，这个便宜不占白不占。于是我请她拿几双鞋来试试，试后我感觉很好，就打算购买。这时店员又跟我说："王先生，您现在买两件还可以再享受 9 折优惠。"

于是我又选了一件。然后她又说，"今天买三件可以打 7.5 折，太划算了，以后也不会有了，而且现在正换季，很多商品很快会卖完。"我一想这么低折扣，而且确实鞋子换季时很容易卖断码。最终我买了三双鞋。

回家一想，我最开始仅仅是想去坐一下，享受一下 VIP 客户的待遇，喝杯水、吃点水果，怎么一不小心就买了三双鞋？

折扣递减法，是一种利用消费者想占更多便宜的心理进行销售的销售方式。消费者会在特定的场景下，自动进入多买多便宜的思考循环，尤其是服饰、书籍等产品，特别适合折扣递减法。

7.4.4　附带配件法

当一个人购买了一件 1 万元的产品，让他再多买一件 500 元的配件，会轻松成交。尽管 500 元相对于 1 万元来说并不多，但是对于提升客单价来说，依然是不小的金额，尤其是可以增加一个 500 元的高利润产品。

这一点在我们购买汽车、电脑、冰箱、服装等大件物品时尤其明显，比如在购买汽车后，店员会向你推荐保养、汽车贴膜等，一般情况下客户都会多少买一点。在买衣服时，假如购买了一套西装，如果店员提出，应该配一件衬衣或一条领带，很多人都不会拒绝。

大多数商品都有配件，即便没有也可以选择相关的产品，但一定要选择利润高且单价不超过主产品 20% 的产品。

7.4.5　结账追销法

在客户结账时，不要放过最后的机会提升客单价。客户准备付款时，我们可以提供一些小商品，只要不太过分，客户一般都能接受。比如有很多超市的结账台都会有口香糖、饮料、纸巾等。

有一次，我去万宁便利连锁店，当我要结账时，收银员说："先生，您购买了这么多东西，如果再加 9.9 元，就可以换一盒润喉糖或一袋曲奇饼干，您想要哪个？"

她给了我一个不好拒绝的理由，就是二选一法则，让我选择润喉糖或是曲奇饼干，这两个都是超值选项。尽管如此，我其实并不需要这两样东西，本来想说不需要，但是一看后面有人排队等待结账，我也不好意思耽误大家的时间，毕竟只是几块钱，于是就随便选择了一样，又多花了 9.9 元。

很多商家也模仿这个做法，把很多小东西摆放在收银台前，但是销量却并不好，原因是没有对收银员进行话术培训。

星巴克则是从另一个角度利用了这个方法。当在星巴克购买咖啡时，你一定看到过这个布局，他们会把中杯、大杯、超大杯摆到你面前，让你从视觉上感受到中杯是如此之小，你需要升为大杯。而从价格上看，超大杯更划算，只需要加 6 元就能获得更大的实惠，如图 7-9 所示。

而且每当你要结账时，星巴克的店员就会问你："××先生/小姐，您确定是中杯吗？"当你肯定时，店员又会笑着补充一句："中杯是我们最小的杯型哦！"此时很多人就会开始犹豫。

图 7-9　星巴克的杯子尺寸

据悉在这两句话的影响下，升杯的客户能达到 10%，这对于一家企业来说，是一笔巨大的销售额提升。

7.5　三种提升复购次数的心理绝技

市场竞争归根到底是对客户的竞争，而相对于招揽新客户，维护老客户的成本更低。因此，如何能让老客户购买，才是我们更应该关心的问题。

7.5.1　给一个下次再来的理由

客户走了以后还会再来，不仅仅是因为你的产品和服务。产品好、服务好是基本条件，仅能满足客户的基础消费。要让客户下次再来，我们需要更多理由。

最常见的理由是代金券。在你吃完饭结完账后，服务员赠送一张 50 元的代金券并说明下次再来吃可以抵扣 50 元现金，这是我们日常生活中很常见的一个场景。这种做法其实就是利用代金券给客户一个再来的理由。当你再次到同一个购物中心去吃饭，而你手中也有这家的代金券，一般情况下你会优先选择这家，而不是去别家。

有这么一家有意思的烧烤店，结完账时收银员会赠送客户一张欠条，上面写着"本店欠你半斤烤羊腿。请你放心，只要你来，本店必定归还。为了还这半斤烤羊腿，本店已经杀掉 138 只羊了"，上面还有店铺的公章和老板的手写签名。拿到这张欠条的人，一定记忆十分深刻并且会抱着验证欠条是否能够兑现的心理再来一次。当客户下次再去用餐，买单时收银员又会赠送一张欠条，上面写着"本店欠你半只烤鱼，只是它还在海里，你什么时候来，我就让它什么时候来。活的，新鲜的"。同样，上面还有店铺的公章和老板的签名。

这样的代金券太有意思了，想要吃烧烤的人几乎都会忍不住再多去几次。

7.5.2　给一个常来的理由

有一次我和朋友去一家餐厅吃饭，刚刚开始点餐，店员就过来问："您需要办理会员卡吗？我们的会员价会便宜很多，299 元办理会员卡赠送 310 元。"这时我当然愿意办理，因为这一顿饭会远远超过 299 元，我为什么不办。

接着他又解释了使用规则，赠送的 310 元，本次只能使用一张 60 元的券，剩下 5 张 50 元的券只能以后再用且每次只能用 1 张，如果一年用不完，店家会直接退还现金。于是我办理了会员卡，并且下次在请朋友吃饭时，我也会首选这家店，因为我还有 5 张优惠券。

办会员卡，尤其是充值的会员卡，是提升客户黏性、让客户常来的非常好的手段。办理会员卡，一定要让客户充值，而且要让客户分几次才能消费完，每次只能消费几十元。如果客户发现会员卡已经没钱了，就用充值 300 元送 100 元、充值 500 元送 200 元这样的方法，鼓励客户再次充值，让充值卡里面永远有用不完的钱。

有一家童装店，设置了一个每月礼品日，只要每月 10 号到店内，就可以领取一个小礼物。什么礼物店主不说，但每次都会有惊喜，孩子最喜欢这种未知和新奇的感觉，每月都期待着去领取一份礼物。

同时，孩子们还喜欢分享，他们不仅自己领取，还会告诉身边的小朋友，于是其他孩子也每月带着家长去领取礼物。这时店主再推出不同的套餐和优惠活动，凡是领取礼物的人，通常会购买一些回去。

想要客户形成消费习惯，就要把每月的优惠日期定下来，比如每月 10 号是会员日，这天会员到店就可以享受一个超低折扣，或者享受买一赠一的优惠。商家之所以想让会员形成习惯，就是要锁定客户，让客户每月记得至少来一次，而不是到竞争对手处购买商品。

7.5.3　给一个带人来的理由

广州东莞有一家酸菜鱼庄，鱼做得很好吃，但是位置有些偏僻，在商场的一个角落，生意一直不好不坏。后来店主和我聊天，让我给他出个主意，于是我建议他推出不同类型的 50 元代金券，并帮助他设计了 10 种不同的文案，有表达爱慕之情一直不好意思说出口的，有表达兄弟之情的，有表达闺密之谊的，还有祝福发财、祝愿收获桃花运的，等等。

不同文案的代金券分别赠送给不同的人群，赠送代金券的同时也能表达一种情感，让赠送人乐意去赠送，接受的人也能会心一笑。

代金券一："我默默地关注你很久了，但是今天我终于忍不住了，我决定让一条鱼作证，来解决我们之间的恩怨，这个周末在××鱼庄请你一起吃鱼，请不要拒绝我。"

代金券二："在这个城市，你是我最好的兄弟。我为你放养了一条鱼，在××鱼庄，请你本月 30 日前一定去吃。"

代金券三："亲，看你最近在忙生意，我为你养了一条发财鱼，在××鱼庄为你预留了特殊的位置，等你抽空去吃，边吃要边发个朋友圈哦，让我知道你吃得很开心"。

······

这简单的 10 张代金券，凭借着幽默诙谐的方式迅速走红。在一夜之间这家店被很多人所了解，周末时店内客人也如愿爆满。

我们想要通过口碑传播，就必须有特色，要么幽默风趣，要么物超所值，要么表达感谢，要么表达爱情，只有抓住特色，才能让客户愿意主动为你带人来。

小结

成交不仅仅是一种价值交换，也是一种心理战，大部分的成交都源自感性，所以在成交过程中要充分运用成交心理学。本节内容非常扎实，介绍了五种快速成交的技巧、五种提升客单价的技巧、三种提升复购次数的技巧，如图 7-10 所示。

这些技巧不仅仅可以用在社群成交场景，还适用于其他各种场合。

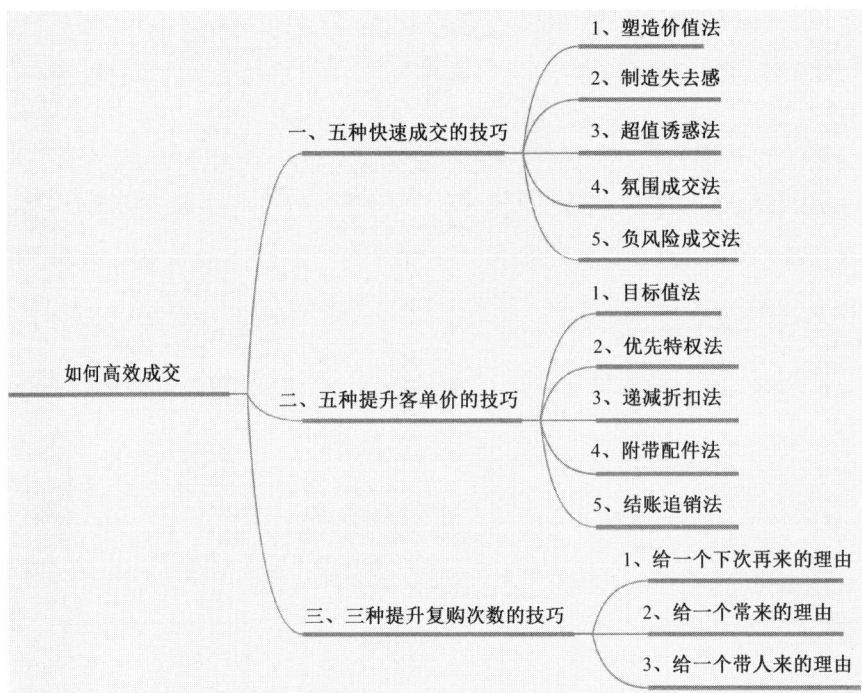

图 7-10　如何高效成交

思考

你打算怎样组合自己的成交路径？

7.6　会员与合伙体系的构建

花了那么多时间把客户引流进来，还有没有其他办法能让他们的主动消费更多，而且都是长期消费呢？有没有一种方法不需要我们向客户反复地推销，而是让客户成为自己人，一起更加长久地走下去？有没有一种方法可以让客户把本来只有 500 元的购买能力激发到 5000 元？应该通过怎样的利益来驱动客户？答案就是会员和分销。

7.6.1　如何构建高价值会员体系

客户购买得越多，获得的会员价值就越大，比如直接返钱、会员折扣、会员积分、优先购买权等，都能够给客户提供更多服务。总之，消费得越多，能获得的权益就更多。

最近几年会员体系愈演愈烈，各大平台都看到了会员带来的价值，于是会员卡泛滥，即便你只是去理个发、做个美容，甚至去便利店买瓶水，老板都会问你要不要办理会员卡。

但是大部分会员体系本质上还是没有逃脱卖货的范畴，真正在会员体系上取得巨大成功的是 Costco 和亚马逊，目前 Costco 的付费会员体系和亚马逊的 Prime 会员体系是全球最为成功的两大付费会员体系。

亚马逊 Prime 付费会员体系可以称得上是世界电商领域创新的典范。据其 2017 年财报显示，亚马逊 2017 年会员费收入为 97.21 亿美元，全年订单量超过

50 亿件，Prime 会员的平均消费额为 2486 美元，是普通会员的 4.5 倍。

成为会员的客户比普通客户更加忠诚而且更舍得在亚马逊消费。于是京东推出了 PLUS 付费会员，苏宁推出了 SUPER 付费会员，网易考拉推出了考拉黑卡，网易严选、盒马鲜生等也都推出了自己不同价位、不同服务政策的付费会员服务。

Costco 在 2019 年进入中国，受到国人的追捧，它的销售额在全球零售商中排行前五。根据其 2017 年财报显示，整个 2017 年 Costco 商品收入大概是 1260 亿美元，运营利润为 41.1 亿美元，交税 13.3 亿美元，会员费收入 28.5 亿美元，企业最终总利润 26.8 亿美元。

Costco 企业税后利润还没有会员费的收益多，也就是说 Costco 只挣了会员费，零售不仅没挣到钱，而且零售利润减去税收是负 1.7 亿美元。所以 Costco 的商业模式本质上是在经营会员，而不是在经营商品。

Costco 经营的主要对象是美国中产阶层，他们收入水平较高，愿意为品质买单，但负担也较重，面临还房贷、还车贷及支付孩子的大量教育费用等状况。虽然生活负担较重，但是他们接受过高等教育，学会了享受生活和追求自由，他们更希望找到一个既能满足他们省钱、省时间的需求，又品质绝佳的地方进行购物。

Costco 的出现是他们梦寐以求的，有了会员卡，他们再也不用为去哪里选择商品而纠结。所以会员客户会反复地消费，是普通会员消费额的 4.5 倍。

打造个人品牌能不能推出会员服务？当然可以，而且应该更具有私人定制的特色。你可以从四个方面打造会员体系，构建一个让客户不愿离开的场域。

1. 收取会费，设置一个基础门槛

设置一个基本的门槛，收取一定的会费，这样客户才能得到会员价格。很多会员体系提供的会员卡门槛太低，客户消费后觉得直接赠送的会员卡是没有价值的，也不会珍惜这种会员卡。而对于那些真正需要付费的会员卡，客户会特别珍惜，因为他们觉得自己要把这笔会员费赚回来。

当一个人有了赚取的心态，必定会进行更多的消费。很多人在赌场上输了钱还迟迟不愿离开，就是因为有一种想赚回来的心态。

2. 提供 VIP 尊享价值

有足够消费能力的人往往特别在意不一样的身份认同感，希望自己和别人不一样。这种心理感受往往已经超越了物质本身，这时你要做的就是让他从心理层面感受到"我和其他人不一样"。

亚马逊最初的电商体验很差，收货时间至少 7 天。后来亚马逊 CEO 贝索斯决定提高物流速度并仅让会员享受这一待遇，于是亚马逊推出了 79 美元一年的 Prime 会员免费送达服务。

几年后，78%的消费者都认为免费的 2 日送达是会员服务最具吸引力的地方，它构建了 VIP 的尊享荣耀感。即便是现在，快速送达的物流服务也仍是一项值得炫耀的尊享价值，京东的隔日抵达曾在一段时间内狠狠地捞走了淘宝的一大拨客户。

3. 提供不同等级的 VIP 价值

设置不同等级的消费额度，对应不同的价格折扣或者赠品，从而刺激有消费能力的人。客户买得越多，获得的权益就越多，比如购买 1000 元享受 9 折，是 VIP 会员；购买 3000 元享受 8.5 折，外加赠送消费次数，是金卡会员；购买 10000 元享受 8 折，并且赠送更多消费次数，是钻石卡会员。

不同等级的VIP享受不同的待遇，让客户永远无法满足，永远有更高的期待。这就像打游戏，会员等级设置得特别多，让玩家一直有期待，一直打下去。很多人一个游戏玩了整整 3 年，还是没有打到最高的等级。

Costco 有四种付费会员卡，其中白卡有两种，都是 60 美元一年，黑卡是 120 美元一年，办理任何一种会员卡再免费赠送一张家庭卡。如果办的是 120 美元的黑卡，则额外享有 2%的销售返利。

在 2018 财年，Costco 在全球拥有 9430 万会员，其中付费会员占 54%。换句话说，每一个付费会员，大概带来了 0.8 个新会员， 9430 万人一年消费了 1384 亿美元，人均年消费额大约是 1468 美元。

你可能会说这不是商家常用的方法吗？没错，然而是否能够快速提升销售额，就在于你是否能将这套会员体系设置得足够巧妙，是否能在等级的基础上玩出新花样。比如，服务类产品 VIP 消费更适合赠送次数而不是单纯的打折。

深圳有一家大型的理疗馆，里面有各种类别的按摩项目。有一次理疗馆做了一个购买 10 次赠送 10 次的活动，我一看觉得非常超值，就花了 2000 元购买，但是很快就消费完了。因为以前我每周只去一次，但自从购买了会员卡之后，我每周会去两到三次，只要感到累了就去，有时中午午休也会过去按一下顺便睡个午觉，有时候我甚至还会带朋友一起去，所以很快就消费完了。

这种情况下，很多人会觉得反正我买得便宜，所以就多去几次，我也不吃亏，而且反正我已经把钱放进去了，去消费又不需要再花钱。所以充值赠送次数，客户会无形中增加消费频率，而直接打折就不会带来这种好处。

4. 赠送体验的短期 VIP，让更多人进来

即便构建了会员体系，也不能实现让所有人一次都进来。有的人不知道会员体系的权益是否符合他们的需求，有的人担心花这个钱不值得，有的人没有购买会员的习惯……针对这些客户，"先尝后买"的做法会让他们放下疑虑。

我们可以先赠送客户体验版的短期会员权益，一旦客户体验完后舍不得权益被取消，他们就会自动付费进入会员体系。比如爱奇艺视频、腾讯视频都有免费会员体验，最初邀请你体验一个月，但是要求客户绑定银行卡并支持到期后自动扣费，有很多人体验完后忘记取消，平台就一直自动扣费。这个功能不知道帮助他们多收了多少钱。而苹果手机的用户更难找到取消自动扣费的功能设置，很多人只有通过打电话咨询苹果的客服才能找到取消自动扣费功能的操作方法。

吸引会员是一个过程，不是一蹴而就的，需要慢慢累积，同时会员权益和会员服务也是需要不断完善的。只要你提供更高的价值、更新鲜的玩法，会员就会为你带来更多的客户、更高的价值。

小结

会员的价值是普通客户的 4.5 倍，锁定一个会员相当于重新开发 4.5 个新客户。我们要把获取 4.5 个新客户的推广费用全部拿来回馈会员，他们才是你的核心用户。

打造会员体系一定要采取收费的方式，不收费的会员卡对客户来说没有任何价值。但是收费的会员卡就要提供足够的价值，让客户感受到 VIP 的尊享服务。

思考

你目前适合打造会员体系吗，假如适合，你有什么新的创意？

7.6.2 构建合伙人体系，让事业放大百倍

个人品牌就是影响力，影响力就是生产力。如果说会员体系可以让自己的粉丝越积越多，那么合伙人机制就能让自己的影响力迅速扩大百倍乃至千倍，爆发出惊人的裂变效果。

打造个人品牌也可以建立合伙人分销体系，而且相比传统的商品，通过分销体系，个人品牌能够更加迅速地走向全国，乃至走向全球。知识产品是打造个人品牌的核心内容，知识产品的传播无须库存，无须发货，今天推出明天就可能在不同国家获得学员的认可。

2019 年我在线下召开了一场"国际个人品牌沙龙"，有 6 个其他国家的学员不远万里而来。现场有很多学员问我能不能成为个人品牌课程的合伙人，于是经过洽谈后我在现场发布了合伙人模式，当场就有大陆的 4 个学员，还有澳大利亚、巴厘岛、加拿大的 4 个学员表示想要成为合伙人。

想要成为合伙人，就要缴纳一定的合伙人费用，但是我会以超值的内容回馈他们。就这样我抓住这次机会，一下就拥有了 8 个合伙人，他们分别在各自的地区发布信息，招募个人品牌训练营的学员。

后来我的合伙人逐渐增多，目前全世界 12 个国家都有我的个人品牌研习社的合伙人。他们可以自由办公，带着电脑去想去的地方，睡在靠海的酒店看着浪花朵朵，通过个人品牌研习社结交全世界的好友，边办公边享受生活。我的合伙人最高收入达到每月 20 万元。

这给我一个巨大的启示，销售知识产品完全可以像销售实物产品一样寻找合伙人，甚至能够更快地找到合适的合伙人。那么如何找到合伙人呢？你可以根据自己的事业特点来寻找，有两类人特别适合做合伙人。

1. 让企业家成为合伙人

每位企业家身边都有很多人脉资源，这些人不可能经常和企业家会面聊天，但是利用合伙人的一款知识产品，就可以名正言顺地把他们邀过来聚会，而且通过聚会还能收取一定的费用。

这对企业家来说，既能获得人脉关系的拓展，又能获得经济上的收益。所以成为知识产品的合伙人，对他们而言，是对产品结构的丰富，而且这种丰富并不会增加任何成本，也不会带来库存上的压力；同时这对很多传统的企业家来说，也是最好的资源整合方式。如今传统生意越来越难做，流量越来越贵，通过引进知识产品带来更多的人脉资源，无疑是上上策。

七商学院是一个以女性创业者为主的教育机构，主要围绕女性创业开展培训，正切中了目前中国女性创业热情高涨的市场脉搏。七商学院配合女性创业的要求，设置了女性创业体系、创始人个人品牌打造体系、黄金人脉体系和投资理财体系，恰好符合当下的趋势，一推出就受到众多女性创业者的青睐。

七商学院也设置了合伙人机制，有城市合伙人和分院两种形式。成为城市合伙人，可以在整个城市推广其课程，获得城市合伙人收益。而分院则是以行业进行区分，每个城市都可以建立多家分院，比如摄影分院、黄金分院、海外信托分院、美容分院等，七商学院短短半年的时间就发展了 80 多家分院。

80 多家分院的院长形成了强大的人脉关系网，大家分别邀请自己的人脉资源参与学习，很快就汇聚了几千名学员，又形成了更大的人脉圈层，大家相互交流企业经营的经验、打造个人品牌的经验和投资的经验。七商学院的合伙人模式，让商学院的发展速度一下子提升了几十倍，也为很多企业老板提供了资源整合的平台，实现了双赢。

2. 让个人创业者成为合伙人

还有一种是想自己创业但没有资金的人，他们有一份想干的事业，但由于各种条件限制，自己无法组建一个公司，更没有能力组建一个团队。而成为知识产品的合伙人，是最容易实现创业的方式，一个人就能做到。

他们只需要一台电脑、一部手机就能实现创业，甚至还可以到不同的地方办公，一边在全世界旅行一边办公。招募知识产品的合伙人，在未来的几年市场将非常大，只要你的产品足够好，你的内容足够打动人，就能快速找到全国乃至全世界的合伙人。

你可以把更多的利润让给合伙人，通过这种方式快速扩大自己的粉丝群，达到 100 倍乃至 10000 倍的增长。舍得舍得，先有舍才有得，把更多的利润分给合伙人，能够让自己的事业快速成长，抢占个人品牌红利。

我的学员小 D，是一名专业的文案写手，经过多年的文案写作练习，她已经掌握了一套销售型文案模型，于是开设了自己的文案研习社。但是经过半年时间的运营，自己的粉丝已经被消耗得一干二净了。如果想要再招收新的学员，她就需要自己去运营粉丝群，可她自己又不擅长社群运营，而如果招聘专门的员工，就需要花费一些成本和代价，尤其在管理上，对她来说是个很大的挑战。尽管困难重重，她依然怀有创业的梦想，想要挑战自己，所以接下来准备租赁办公室，招兵买马大干一场。听到她的情况，我很是担忧。

根据以往的经验和对她的了解，我建议她采用合伙人模式发展，等发展到一定阶段，自己对市场的把控能力更强的时候再建设团队；而现阶段，她只需要增加两个助理就可以，也不用租赁办公室，大家可以自由办公。这样节约下来的费用可以全部分给助理，需要见面的时候就去咖啡馆或者茶馆，哪里环境好选哪里。周末还可以选择海边的酒店聚一聚，面朝大海，畅谈人生，边度假边工作，岂不更好。

于是在她的请求下，我帮她构建了一套合伙人的模式，然后由她自己写了一篇合伙人招募的文案发到自己的朋友圈内。由于她在学员中已经有了一定的信誉度，一天时间就招募到了 12 个合伙人，目前发展得非常顺利。她把大量的时间用在产品研发及专业技能的精进上，而合伙人的管理都由助理去完成。最近她还开设了销售文案、微信销售文案和社群文案三个产品，而每个合伙人每月的收益也都在 2 万元左右。

小结

合伙人模式，是一种更高级的裂变模式，能够帮你把业务做到全世界，爆发出惊人的力量，如果你想要成就更大的事业版图，建议好好运用合伙人模式。合伙人模式需要详尽的合伙人计划书和招募方式，需要根据自己的实际情况去做。

思考

你是否需要构建合伙人模式，你打算如何制订合伙人政策？

本章总结

社群，是快速裂变粉丝的最佳方式之一，一旦操作好会爆发出核裂变的效果。社群运营的整个逻辑是引流、裂变、成交再引流、裂变再成交。但是社群运营中有很多细节需要好好研究，如果自己精力不足，建议招募两个助理，让他们成为你的合伙人，和你一起共创一番事业。

第 8 章

百万 "大 V"：打造百万个人号矩阵

要实现财富自由，首先要实现时间自由，要让自己从忙碌的销售工作中解脱出来，获得更多的自由时间。

8.1 复利的力量

怎样才能从时间中解脱出来？打造百万微信个人号矩阵，复制自己的时间，让每一次传播可以触达更多的人，做一次努力，就能产生一千倍甚至一万倍的效果，也就是说，让自己的时间产生复利效果。这种复利式的自动成交法，只需要一次努力，就能产生核弹式的爆发威力，让客户主动上门成交。

8.1.1 复利的认知

复利可以自主地不断累积，也能让我们人生的努力自主累积，产生不间断、不分散的能量。如果每天多累积 1%，一年就能产生 37.8 倍的效果；如果每天多累积 2%，一年就能产生 1377.4 倍的效果；如果每天多累积 3%，一年就能产生 48482.7 倍的效果，如图 8-1 所示。

$$1.01^{365}=37.8$$
$$0.99^{365}=0.03$$

$$1.02^{365}=1377.4$$
$$0.98^{365}=0.0006$$

$$1.03^{365}=48482.7$$
$$0.97^{365}=0.00001$$

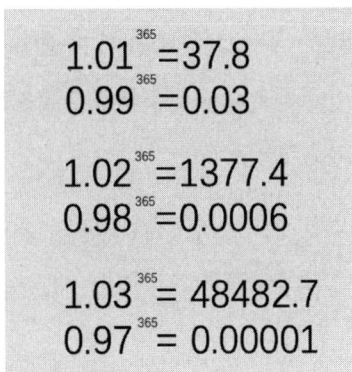

图 8-1　复利的效果

这也就意味着，如果过去你每年赚 10 万元，但现在每天多累积 1%，一年后你就能赚 10 万元×37.8 倍，也就是 378 万元。所以很多人看似没有大智慧，但每天都在累积自己的能量，一年就能赚几百万乃至几千万元，而有的人尽管很聪明，但是每年却只能获得 10 万元的收入。

自动化，就是客户主动找上门。很多人学习了营销课程，老师会说要积极主动，要跟进客户，但是在互联网时代，我们更应该想办法让客户自动上门，主动成交。这就需要你的产品能够让客户一看到就会起心动念，主动在没有任何犹豫的情况下完成交易，这样完全不需要你每日跟进，能够节约大量的时间。

8.1.2　为什么要打造个人号矩阵

我有个朋友小 K 是做少儿教育的，他们公司有 30 多个员工，每一个人都在运营微信个人号，共有 200 多万粉丝，年度营业额为 3000 多万元。很多家长是他们公司的 "铁粉"，从最初只购买英语公开课，到后来购买英语系列课，再到后来购买数学课、艺术课，客户黏性非常强。他们公司放弃了自媒体推广，也不做网络广告，只是利用微信号矩阵来运营，并把这一招用到了极致。

目前，微信公众号的打开率平均低于 5%，微信公众号的红利期已过，个人号虽然运营起来更加费时费力，但是成交率和客户黏性都非常高，而与花钱做广告相比，运营个人号的成本是非常低的。

过去很多企业看不起微信个人号的运营，以为个人号就是一个简单的交流工具，其实个人号是打造个人品牌最重要的根据地，有了这块根据地，你就可以自由发挥，进可攻退可守。

很多人深耕微信个人号，一个拥有 5000 人的个人号一年变现 100 万元非常正常。我身边的朋友有做健身的、做瑜伽的、做蛋糕的、做中医理疗的，他们的个人号一年最低变现 20 万元。

我有个客户去年刚开始创业，创业项目是帮助中小微企业做营销咨询，他坚持每天更新个人号的内容，提供源源不断的价值，一个不到 3000 人的个人号，养活了整个公司，一年业绩达到 800 多万元。

1998 年 QQ 开始进入市场，到目前已经有 22 年的时间，而微信是 2011 年上线的，今年才第 10 年，至少还有 10 年的生命周期，所以微信个人号是个人品牌传播的最好起点，也是最好的私域流量池。如果按照 10 年来规划，还可以打造多少个微信个人号？对于这一点不同的人相差巨大，有人可以打造 100 个，有人可以打造 500 个，也许你只能打造 20 个，但即便是只有 20 个号，只要都是精准的高价值的粉丝，就是一笔巨大的财富。

小结

不要轻视小小的微信个人号，它就是你个人品牌的起点，也是最好的私域流量池。有人把微信当作聊天工具，有人把微信当作娱乐工具，但是也有人把微信当作"聊天+娱乐+工作"三位一体的工具。

微信是手机里使用频率最高的 App，想让它释放出最大的价值，不仅要打造好微信个人号，还要最大限度地打造百万个人号矩阵。

思考

你以前是如何看待微信个人号的，你打算今年打造几个个人号？

8.2　怎样塑造高价值微信形象

微信形象是个人品牌最大的广告，因为你不可能与每一个好友见面，不管你有一万个粉丝还是一百万个粉丝，能够与你见面的就是几百人，能够深度交往、经常见面的大概也就是 150 人，其他人都是通过你的微信形象来认识你的，你的微信形象在别人心目中就是你的全部形象。

8.2.1　拍摄一张拿得出手的头像

粉丝越多，你的头像就越重要，他们会通过你的想法判断你的专业性，通过你的头像判断你的个人品位，并且通过头像判断是否要和你做朋友。

好的头像一般有两种，一种是你的真人头像，另外一种是你的卡通形象。很多人用风景照、建筑照、儿童照、动物照作为自己的头像，这些都不符合打造个人品牌形象的原则。如果跟你交流的人的头像是一条狗，你会怎么想？

如果你有 5000 个微信好友，其实大多数人不会有线下见面的机会，他们对你样貌的唯一印象就是你的头像，对他们来说你的头像就约等于你真实的样子。因此，你应该去找一个专业的摄影师，好好地拍一张拿得出手的照片。

8.2.2　打造一个"你就是我想要找的人"的个人标签

很多人的个人标签就仅仅是一个名字，但是通过这个名字，别人并不知道你是做什么的，除非你已经是一个知名人士，不再需要写个人标签。但是即使一些大咖，比如樊登、吴晓波这样的知名人物，一样有很多人没有听说过，也不知道他们是做什么的。所以，我们每个人都需要在自己的名字后面加一个标签。

无论你是与个人聊天，还是在社群里聊天，别人都会第一时间看到你的标签。微信标签能告诉别人你是谁，你是做什么的，你有什么价值。微信标签是曝光率最高、最容易被人看见的，是与别人交往的名片。没有一个好的标签，无法让别人记住你，提供再多的价值都等于零。标签写得好，即便你不打广告，不发个人简介，都会有人主动来加你。

写标签一定要根据自己的定位来写，自己的定位是什么就写什么标签。比如你的定位是健身教练，那么就写名字+健身教练；如果你的定位是颈椎病理疗康复师，那么就写你的名字+颈椎康复师。大家可以参考以下几种格式来设计自己的标签。

1. 名字+定位，比如"王一九 | 个人品牌战略顾问"。

2. 名字+创始人，比如"王一九 | 个人品牌研习社创始人""田泽湘|多米诺商业模式创始人"。

3. 名字+行业，比如"姜宏 | 柔性创业第一人"。

4. 名字+价值，比如"韩小梅 | 教你 1 年内买房""韩露 | 教你做高颜值蛋糕"。

通过这种标签，我们能够让别人一眼就认识到自己的价值。相反，有一些让人看一眼就想拉黑的标签，一定要避免，比如以下例子。

1. 以 A 开头的昵称，甚至以 AAA 开头的。比如 "AAA 百年世家美业"，一看就是微商，最容易被拉黑。

2. 以公司开头的，比如 "大地房产小明"，有的甚至没有自己的名字，只有公司的名字。人们只会选择和一家公司做生意，但不会和一家公司做朋友。

3. 以产品开头的，比如 "黑茶王" 一看就是卖产品的，会让人们避而远之。

4. 只有一个词或一句话，比如 "勇往直前" "心花怒放" "眼底星空" "每天进步一点点"。

"我是谁" 至关重要，人终其一生都是在寻找这个问题的答案。而在商场上，人终其一生都是在告诉别人 "我是谁"。不断告诉别人你是谁，最初是一种信息的传递，时间久了就成为一种能量的传递。

你的名字与标签是传递能量最重要的载体，从现在开始，好好想一想如何写好自己的个人标签，在微信上把自己的名字传播出去。

8.2.3 设计一张 "令人沦陷" 的微信背景图

微信背景图，这是很多人都会忽略的地方。人们误以为设置好微信头像和标签就万事大吉了，而微信背景随便上传一张图片就好，这是非常错误的做法。微信背景图其实是一块重要的广告牌，是可以容纳大量个人信息的广告牌。

假如你想在机场的一块广告牌上打广告，一个月需要几十万元，即便换成高铁站的一块广告牌，一个月也需要几万到十几万元不等。而微信背景这么好的位置，不就是传播个人品牌的广告牌吗？所以一定要好好利用。

有些人把背景设置成风景图，也有人会直接空着，这是极大的资源浪费。要知道一个刚认识你的人，加你微信后的第一件事就是点开你的朋友圈，第一眼映入对方眼帘的就是你的朋友圈背景图。一个好的朋友圈背景有 3 个重要的元素：背景图像、背景文字和签名。

1. 背景图像

背景图像可以使用自己的头像或产品图片，或是产品加作品的组合，建议以个人头像为重点。

2. 背景文字

背景文字可以选择 3~4 个自己的标签和一个能体现自己能力的事件，最好通过数字呈现。比如一个方案帮助客户提升 1.51 亿销售额，1 个月运营社群粉丝 7 万，800 亿上市公司营销顾问等。

3. 签名

比如个人品牌研习社创始人、××公司创始人、七商商学院创始人、小米公司联合创始人、BAT 公司特聘讲师等。

📜 **小结**

微信头像、个人标签和微信背景是个人品牌在微信里的最佳广告位，把每一个部分都用到极致，让别人一眼就能认出你是谁，知道你是做什么的、你为什么值得信赖，将为你节约大量的沟通成本，帮你完成自动成交的前 50%的工作。

📖 **思考**

你对现在个人号的头像、标签和背景满意吗？

8.3　如何在朋友圈迅速成交

成交是一种感性与理性的碰撞结果，其中感性起到至关重要的作用。

8.3.1　多维度展现个人价值，调动好奇心

通过个人号的头像、标签和背景，把自己的基本信息展示给好友，这仅仅是第一印象，就好比我们认识了一个陌生朋友，通过彼此的穿着打扮及一些基本的介绍，相互有了初步的了解。

但是，要让陌生朋友更进一步地了解你，就需要谈话和沟通，向对方传达自己的观点、对事物的认识，以及自己的人生观与价值观，让对方更加认可自己。

如果想要与对方做生意，你还要展示自己的实力，带对方参观自己的公司、展示自己的产品、证明自己的技术研发能力等，尤其要展示能给客户带来价值的东西。如果你是做健身的，你可以展示自己的学员通过你的健身指导，从臃肿身材变成前凸后翘、性感十足的苗条身材的过程，利用这种真实案例令对方信服。

8.3.2　持续与朋友圈好友互动

与朋友圈的好友互动，你应该先想清楚什么方式最有效，而不是一上来就开始谈产品销售，你们需要一个熟悉的过程。

虽然你现在已经有几千甚至几万个微信好友，但你们只是一群有联系方式的

陌生人。不管他们在你的好友列表里多久，只要你们没聊过，对对方来说，你都只是一个陌生人。就像你的手机电话号码簿一样，虽然里面有几千人，但是真正能经常打电话联系的人却很少，有很多只是一面之交。

那么怎么让你们熟悉起来？点赞是一个最好的方式，能以最简单、最节约成本的方式升级你们的关系。如果在线下交朋友至少要吃个饭或喝个茶才能升级你们之间的关系，而在朋友圈点赞就能达到升级关系的效果。

数据统计结果显示，点赞是微信朋友圈使用最多的表达符号，帮助了无数人表达自己想表达而无法表达的心情。即便言语再笨拙的人，也能用好这个符号，所以你也要好好利用这个工具，把它用到极致。

即便是一个从未交流过的好友，你连续给他（她）点赞 5 次，对方就会注意到你。想要把点赞这个功能用到极致，就要在数量和持续性方面做到位。如果时间允许，可以多抽点时间为更多的好友点赞，在点赞的好友中挖掘潜在客户。

在一次会议上，有个做美容连锁的人加了我的微信，之后每当我发朋友圈，她就会给我点赞。几次以后，我对她的印象很深刻，因为她的点赞实在来得太及时了，只要我一发她就点赞，然后我也开始和她互动。后来她邀请我给她的代理商做分享，主题是"美容师如何打造个人品牌"，我非常爽快地答应了。

如果你连续给一个人点赞三五次，发现并没有收到任何回应，也不要放弃，也许对方已经留意到了你，只是还没有产生浓厚的兴趣，这时你可以再写一些评论。

那么什么样的评论才是正确的评论？一定有人觉得积极的表扬、赞美就是好的评论。其实不然，点赞已经表明你的赞美，而能引起互动的评论才是最佳的评论，因此最好使用问句而非陈述句。

如果对方发了一张旅行的照片，你可以问一下这个旅行地点周围的环境如何；

如果对方发表了一个观点，你可以问一下其中的深意，这个观点是如何思考出来的。这样一般都能引起对方与你的互动。

8.3.3 微信成交三大快速法则

大部人一谈到成交想到的就是描述产品的好处，尽其所能地展示产品的高科技含量、独家配方、专利技术等，其实这些都不是客户想要的。

为了实现快速成交，我们首先要做的是直接进入客户的心里，用痛点和好处去激发客户购买的欲望。人们之所以购买一个产品，不是因为产品的高科技含量，而是因为要解决自己的问题和满足自己的需求。

因此在发朋友圈的过程中，我们要尽可能描述一些场景型的痛点，痛点描述得越真实、越详尽，客户就越能感同身受。

比如，瑜伽教练不是要描述自己有多专业，而是要描述女人身材不好有哪些坏处。对于刚生完小孩的女人，她们的苦恼很多，身材走样、发胖、肚子赘肉凸起，过去的衣服无法再穿，不仅影响自己的形象，还影响事业的发展，爱美之心人皆有之，面对着这样的身材自己看着也不舒服。更要命的是，如果产后六个月内得不到很好的修复，以后就会更难修复，产后六个月是不容错过的黄金修复期。

把这几大痛点描述出来，就已经能激发客户的行动欲望了，我们接下来要做的就是告诉客户为什么你是他们的最佳选择，然后等着客户主动上门。

人一旦起心动念，就会控制不住，你不需要反复强调自己的产品好，只需要激发客户的购买欲望，就会形成主动购买。

那么如何让客户再次购买，形成自动化的购买 "滑梯"？这就要求我们提供超值服务，主动回访。

建立回访机制，就是建立一套后续服务的机制，不仅要询问客户使用产品的感受，更应该增强客户的信心，提供超值的服务。这样才能激发客户再介绍更多的新客户。

客户付款不是成交的结束，而应该是成交的开始，因为一个客户有可能会为你带来 250 个客户。过去这句话可能仅停留在理论层面，而现在通过客户分销系统，让一个客户带来 250 个客户已经实现，在自己的分销系统后台就直接可以查看得到。

另外，我们还需要在一个合适的时机做顺势推荐，提醒客户把好产品分享给需要的人。想要客户帮助推荐产品，有几点可以激发他们的行动：第一，产品超出客户期望，他们自然愿意主动推荐给亲朋好友；第二，可以赚取佣金，客户会自愿将产品分享到朋友圈或各种群；第三，出于对你用心服务的感谢，他们也会帮忙转发到朋友圈。

小结

成交往往先要过心理这一关，成交的心法就是"只要你敢卖，就有人敢买"。如果你的技能是 70 分，那么还有很多 70 分以下的人需要你的技能，不要与 70 分以上的人比较，你只需要卖给 70 分以下的人就可以。如果你自己都不敢卖，还能指望谁购买呢？

成交是需要技巧的，抓住客户痛点，击穿客户欲望，只要客户起心动念，下单购买是早晚的事情，所以最成功的成交是在客户心理这一关达成的，而不是面对面的拉锯战。

思考

你以前是如何设计成交流程的？

8.3.4　在朋友圈展示个人价值的误区

朋友圈是展示个人价值的好地方。如果一个微信号有 5000 个好友，就能同时向 5000 人展示自己的价值，如果你有 20 个微信号，就能同时向 10 万人展示自己的价值。与线下相比，效率可以提高 1 万倍。

但是，很多人发朋友圈会遇到障碍，觉得不好意思发，本来自己有很高的价值却没有展示出去，一坛好酒闷在家里。而不在朋友圈展示自己的个人价值一般出于以下三个原因。

1. 无法突破心理障碍

不好意思是最大的心理障碍，总觉得自己的成绩还不够突出，担心发出去被周边的好友或更专业的同行看到时，会嘲笑自己。

我有一个朋友霞姐，自己健身已经有 6 年的时间，这期间她从产后的臃肿身材到塑造出明显的马甲线，健身效果非常好。她自己也学习了一套减脂塑体的方法，还带了一些私教的学员。但是她不好意思发朋友圈，总觉得自己身边有很多厉害的大咖教练，他们都是深圳高端俱乐部的私人教练，与他们相比，自己仅仅是个初级教练，所以犹豫了 3 年都没敢发朋友圈去销售自己的健身课程。

我大为惋惜，引导她说："你发朋友圈是塑造自己的价值，是要帮助那些非健身行业的客户，不是要把课程卖给你身边那些更专业的教练。"其实，霞姐的专业技能在三年前就能帮助很多普通人塑造好身材了，但是她总是担心被身边健身行业的同行嘲笑。

隔行如隔山，非健身行业的人对健身这件事几乎一无所知，只要霞姐确实有一定的技能和经验，就能指导那些零基础的客户。任何一个行业的人，技能的锤炼都有一个从 0 到 100 分的过程。如果自己是 90 分，那就可以去教 90 分以下的人；如果自己所处的位置是 60 分，那就可以去教 60 分以下的人，如图 8-2 所示。在每一个专业的领域，都是高能量的人辐射低能量的人，你无须妄自菲薄，也无须等到自己成为顶尖高手才开始去教别人。要知道，你的经验价值千万。

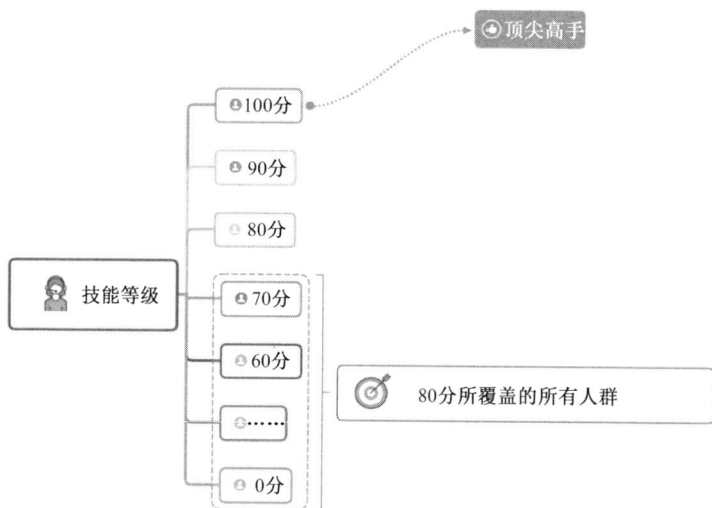

图 8-2　技能等级覆盖范围

即便你只会跑步，你也可以教别人跑步。中国十几亿人口中至少有三亿人不知道如何正确跑步，有的人跑几圈就感觉疲累得跑不下去了，有的人姿势不当伤害了关节，有的人在不合适的时间跑，有的人不懂得如何搭配专业跑鞋和健身服装，有的人不知道如何坚持下去，有的人不知道每天应该跑多久比较合适，甚至有的人跑步不仅没有得到锻炼反而伤害了自己。

这些人其实就是一个巨大的市场。我曾经见过一个有 20 多万人参加的跑步打卡营，每人入营需要缴纳 199 元的保证金，坚持 100 天后就可全额退款，你可以想象一下，最终会有几个人能退款。

樊登有一次在深圳做分享时讲了这样一个案例，他的健身教练专门指导学员跑步，有很多企业家都是他的学员，他一个月收取 8000 元的辅导费，有问题就找他咨询，没问题就自己跑。而且他还开设了一堂跑步线上课程，有数万人购买。

就连跑步这么小的一个健身技能都有如此巨大的市场，更何况一个有 6 年健身经验，已经做过 2 年健身私教的人。霞姐的技能其实已经具备巨大的价值，只是她没有打破自己的心理障碍。后来她开始在朋友圈展示自己的价值，通过三个多月的努力，已经陆续获得了 5 万元的职场外收入。

有的人觉得在朋友圈发布自己的一点小成绩、小收入，或者几百几十元的红包，太损害自己的形象，其实不然。相反，周边的朋友会觉得你在不断地努力，他们会看到你每天都在变好，他们会欣赏你的态度。

再退一步说，如果有朋友不认可你，因此看不起你，连你的努力都否定，那么即便你们在线下交往，对方也不会是你的真心好友。一个不鼓励你、否定你，还要践踏你自尊心的朋友，有什么值得你在意的。

每个人的生命都需要正能量，需要亲朋好友的积极鼓励，宽厚包容。让美好关注的眼神与积极乐观的语言包围自己，你才会更有勇气创造一番事业。如果你发现身边有恶意否定你、打击你、嘲笑你的所谓的朋友，果断拉黑他们，不用犹豫，他们在你的生命里只会反噬你、消耗你，不会给你任何帮助。

2. 不知道如何展示价值

经常看到一些人的朋友圈全是广告，卖各种东西，还有些人虽然不卖东西，但展示的全是吃喝玩乐，晒美食、晒美景，他们似乎以为这样就是展示自己的价值。其实不然，这种要么仅仅是在做广告，要么仅仅是在展示生活的朋友圈都不是理想的展示价值的方式。

微信是社交平台，不是购物平台，微信首要承载的是社交职能。淘宝才是购物平台，人们去淘宝不是去交朋友的，而是直接去购物的。所以，我们首先要理解微信的属性。

我们认识任何一个人，都是需要慢慢建立起社交关系的。先和他（她）交朋友，再逐渐建立起信赖关系，然后顺其自然地做生意。这就是中国人的人脉关系特点，首先是信任，然后才是生意。

有的人可能已经知道需要先梳理价值，于是他们开始把自己的产品从不同的角度来拆解，说出自己产品各种维度的好处，觉得这就是展示价值。没错，这确实是一种价值展示，但我们首先应该展示的是个人的价值，其次才是产品的价值，而淘宝上的宝贝详情页面才应该直接展示产品的价值。客户只有先认可你的人，接下来才会认可你的产品。

3. 不会写朋友圈文案

有人总想着把每一条朋友圈的文案都写得尽善尽美，每次为了发一条朋友圈吭哧半小时，搞得自己筋疲力尽还耽误了不少工作。这属于对发朋友圈过于慎重而迈不开脚步。

事实上我们不需要那么追求完美，我们在朋友圈展示的是"自己"，而不是另外一个人。自己当下的想法是怎样就怎样发，那就是当下最真实的情感和最真实的你。你一定听说过"当下的力量"，当下就是最好的状态，当下过程最佳的状态就是对生命最好的交代。发朋友圈就是把当下最好的状态传播出去。

我们和朋友交往，展示最真实的自己，往往会得到朋友的认可。即便你说的话没有那么好听，即便你偶尔也有些小情绪，即便你有脆弱的一面，这些都不影响你的朋友与你真心交往，相反他们会觉得你很真实。可是，如果你把自己装成另外一个人，他们感受不到真诚的你，你也就无法进入他们的内心。

那么应该如何多维度地展示个人的价值？我们可以通过以下几个方面做到。

1. 展示自己的核心价值

如果你有一个好的产品，一定要想办法把它放到客户的面前，并且是以一个对方希望看到的样子展示出来。要敢于展示自己的产品和专业，很多专业人士都不好意思展示自己的内容，这是一个非常大的误区。

以对方希望的样子展示，就是不断地挖掘客户的心理，知道他们在想什么。我见过很多特别好的产品，也见过很多拥有优秀技能的人，就是因为不懂得如何展示，只会把自己认为好的一面以 "自嗨" 的方式展示出来，导致根本就没有人愿意购买，实在是非常可惜。

比如你是写文案的，你可以经常分享写文案的心得和技巧，也可以分享一些案例，让大家明白如何写文案；你是做珠宝的，可以经常分享一些珠宝的选择、搭配、性价比辨别等内容；你是做幼儿教育的，可以经常分享育儿的经验，分享育儿的书籍……这些都属于专业内容，是你可以不断地向所有人展示的你的专业价值。

价值前移，建立信任，让你的潜在客户在还没有成交前，就已经提前体验到你带给他们的价值。比如你是做销售型文案培训的，就可以通过你的展示让对方提前感受到他跟你学习的价值，你可以拿出一小部分课程的内容，尤其是具有非常高价值的内容免费赠送给客户，让他们提前感受到你所教授的东西都是非常有效的。

如果客户在你免费提供的内容里都能吸取到巨大的价值，他们一定会认为你的付费课程具有更高的价值，自己也一定能学到更多的东西。这样就搭建起了信任的桥梁，让客户对于你作为专业人士的认可度瞬间提升。

这里有一个核心的问题，就是你应该给客户提供什么程度的价值，对方才会购买你的产品。以销售型文案为例，当客户根据你的要求写出文案，并通过该文案销售出产品，或者通过你对文案的指导更好地提升了销售额，此时他就真切地感受到了销售文案的威力，你提供的内容也就体现出了很好的价值。而且你不仅要让客户通过自己的实践体验到，最好还要通过更多的客户案例去感受。

先提供价值，让客户感受到这个东西很棒，他们才会去购买。这时不妨换位思考一下，假如你是自己的一个客户，你体验到什么样的价值才会购买课程？假如你自己听完自己的公开课，你会买更多的课程吗？这种换位思考的方式会不断促进你改良内容，帮助你和客户建立信任的桥梁。

2. 展示自己的生活

你的朋友圈里面除了展示你的专业，也要展示一些非常高价值的生活状态，比如你的上进心、你的努力、身在职场的专业心态或者创业阶段的工作状态，等等。输出你的价值观和生活态度，潜移默化地去影响别人。

告诉别人你不仅是一个热爱工作的人，更是一个有工作态度、积极进取的人，这样才更有可能吸引那些跟你有着共同追求的人。因此你需要不断地展示自己的内在世界，告诉别人你的理念、你的想法，还有你的价值观。

你要把自己的美好生活展示出去，让微信好友都知道你是一个有血有肉的、活生生的人。展示自己的生活，并不是要炫耀，炫耀只会招人反感，你只要展示自己真实的生活状态就够了。别人之所以愿意和你做生意，有一个重要的因素是他们可以在你的身上看到自己想要的样子，他们愿意跟你合作，向你学习，想成为像你那样的人。

3. 展示自己的成功案例

想要高价值地展示你的成功案例，就需要用到配图和销售型文案。高价值的图片能够传递的信息，就是让别人在看的时候能感受到价值，能感受到你提供的这个产品到底是什么，让那些没有买的人产生一种害怕错过的感觉。在这个过程中重要的是客户的观感，而不是一味地进行内容展示，拿捏好尺度至关重要。

比如，我曾经发布过一条朋友圈展示我的个人品牌训练营。第一句是："你的个人品牌价值千万，只是你从来没有销售过它。"每个人的个人品牌都很可能潜藏巨大的价值，只是很多人没有好好地包装过自己。因此看到这句话时，有人就会马上联想到自己是不是应该包装一下自己的价值，把自己也当作产品出售给别人。尤其是那些拥有很好技能、却不知道如何销售价值、不懂得如何包装自己的人，看到这句话他们就会起心动念。

第二句话是："看到我的学员从经营瑜伽馆月月亏损，到经过 3 个月个人品牌打造后，月盈利 15 万元，还获得政府基金支持。"

第三句话："人的每一次重大改变，都是思维认知的突破。"

就这么三句话，再加上一张我的学员在瑜伽馆工作的图片，就是这条朋友圈的全部内容。有人看到这条朋友圈文案后和我说，他看到这个朋友圈，立即就想付款参与我的个人品牌训练营。其实，我并没有说课程内容有多好，只是描述了一个案例，但是这个文案却是精心编辑的。

销售型文案怎么写，其实三句话就足够了。文字内容不需要太多，太多的文字反而会影响阅读率。但是组织这三句话，有三个非常重要的细节要仔细斟酌。

第一个细节，要提供价值，输出你的价值观。"你的个人品牌价值千万，只是你从来没有销售过它"，这是一句传达价值观的话，让每一个读到这句话的人都能够感受到，其实自己非常值钱。我并没有打任何广告，也没有让别人购买任何东西，只是传达了一个价值观。

很多人在朋友圈发了产品，也写了文案，但是却激发不了客户的购买意愿，根本原因就是他太想要去卖产品。销售型文案的核心是：你不是在销售一个产品，而是在向对方兜售一个美好的未来。通过你的文案，给他构建一个想象的空间，让他想象自己打造个人品牌后，未来有一天也能价值千万元。

第二个细节，要让客户感受到生活中真的有人做到了，而且就是身边最普通的人。现实生活中有很多瑜伽老师、健身教练、美容师、医生开设了自己的店，但是大部分的经营状况都不太理想，这种场景对他们来说是印象十分深刻的，因为他们一定为之努力过，也想过各种营销策略，但是由于自己的思维受到局限，无法突破，所以才没有起色。因此，当看到一个真实的案例，一个很普通的瑜伽馆老师，从亏损到月盈利 15 万元时，他们所受到的震撼一定是很强烈的。

第三个细节，要直击客户的痛点，激发他们的欲望。最后一句话"人的每一次重大改变，都是思维认知的突破"，正是击中了客户的痛点，让他们思考自己无法突破思维认知的原因，这时他们就会很迫切地想要报名学习课程。

这就是一个三句话文案的设计过程。

第一句，传递价值；第二句，案例证明；第三句，激发欲望。

当你获得了成绩，就应该去朋友圈展示。如果你是健身教练，就展示你的客户一个月瘦了几斤，身材是如何变好的；如果你是中医师，就展示你的客户调理身体后恢复的效果；如果你是营销顾问，就展示你的客户通过向你咨询多赚了很多钱，你可以把他们的收款、收到红包的截图发到自己的朋友圈。如此你在朋友圈中就能树立一个栩栩如生的人物形象，你的潜在客户也会主动上门来买单。

4. 加深客户的痛苦

追求快乐、逃避痛苦是人的天性，因此有一种营销方法就是加深客户的痛苦。比如你是做学习力提升课程的，你可以展示如果学习力无法提升会带来哪些不好的结果，通过这些结果加深客户的痛苦。

例如，如果学习力无法得到提升，你就会与时代脱轨，也许会丢失现在的工作，也许会被降薪，也许升职加薪的事永远不会降临到你头上；如果学习力无法提升，自己的事业就会受阻，即使去投资创业，失败的概率也会非常大，甚至亏掉自己多年的积蓄；如果学习力无法提升，可能未来交际圈会越来越小，人缘会越来越差。

通过种种结果的描述，先让客户意识到这个问题有多么的严重，然后你再提供一个解决方案：来参加你的学习力提升课程。但是此时你的课程推荐也不能太过明显直接。

我们同样可以采用三句话文案来让这个推荐的过程变得委婉而有效。

第一句，"买了很多课却没有一项拿得出手的技能，不是因为不努力，而是因为学习力"。首先抓住客户的痛点。

现在有很多人在知识付费平台购买了课程，但是大部分人的学习效果却并不理想，一方面是课程良莠不齐，另一方面是学员不会学习，不知道如何深度学习，甚至很多学员购买了课程，却没有听完，这些人的学习效果当然不会好。所以，他们其实非常想好好学习，只是不知道自己如何才能学好，缺乏学习的能力。

第二句，"能不断超越自我的人，都是具有突破性学习能力的人"。接下来就是要描述未来，给予客户想象的空间，让他们在大脑中呈现自己突破后的样子。

第三句，"小 W，只看了我的学习力第一节课程，就已经有了立竿见影的学习力升级，如果你想像他一样获得突破性能力提升，就私信我吧。"最后，就是通过案例的方式，让客户感受到课程的价值，只学了一节，就能取得突破性学习力升级。配图是一张学员的图片和好评，加一张学员付款的截图。这就是一个很好的例子。

通过案例和三句话文案，让朋友圈好友明显感受到你的课程威力，让他们认可你，感受你的价值，潜移默化地形成一个他们很想购买、很想和你成为朋友的能量场，让你的这些粉丝无条件地去信任你和爱你，把你的业绩当成日常交流的话题，这点很重要。

有些人刚开始写文案，会写出很多"自嗨"型文案而不是销售型文案，配一些自以为很美但却没有任何价值的图片。别人其实根本就不知道你要表达什么内容，或者仅仅看到你在炫耀，看完后一点购买的欲望都没有。

我们一定要避免"自嗨"型的文案，写的时候闭上眼睛想一想，假如你看到这个朋友圈文案，自己有没有下单购买的冲动。想要让自己的文案达到炉火纯青的地步，让人看完就有付款的欲望，你需要一段时间的练习。每当你完成一个文案发布出去，都需要进行测试，看看这个文案的点赞和评价有几个，然后逐步改进。

8.3.5　如何对朋友圈好友进行分类管理

有一天我打开京东，发现首页给我推送了好几个书桌，而且都是我喜欢的款型，于是我快速地查看了每个书桌的样式和价格，仅仅用了 5 分钟时间就下单搞定。

是因为我聪明智慧所以能够快速决断吗？也许我在购物方面确实不那么纠结，但更重要的是京东知道我想要购买书桌。京东通过大数据分析，判断我喜欢这种实木的书桌，只要我一打开 App，它就立即呈现给我看，然后通过购物流程的设计，让我尽快下单购买。我们很多的购物决定，都以为是自己的明智决断，其实都是商家的精心引导。

在你购物时，有没有想过为什么京东会这么厉害，它怎么知道你的心事，怎么知道你最近想要购买什么东西？而且更厉害的是，它还知道你的购买能力，如果你月薪 8000 元，它绝不会推荐十几元的低价衬衣，也不会推荐 10 万元以上的奢侈手表，它推荐的东西都是在你消费能力范围内的。

这是因为它为每个人打上了标签，当你下次打开页面时，它会立即推荐你想要的东西，引导你迅速下单，否则你可能就会去其他平台购买。当然，这对消费者来说也是一件好事，这为我们节约了大量的时间成本，让我们能在千千万万的产品中迅速找到自己想要的东西。

运营个人号也是一样的道理，即便你有再多的粉丝，如果没有一套高效的管理方法，你将陷入成交盲区，严重降低成交率，错过很多本该成交的客户。

和客户谈生意就像谈恋爱一样，要知道对方喜欢什么不喜欢什么，不要做让人为难的事情。我们要站在对方的角度，替对方思考，而不是一味地专注于自己的梦想。与微信好友互动，尤其注意不要用对方不喜欢的信息去挑战对方的忍耐底线。

我们要对所有的粉丝进行分组管理，针对不同人采取不同的沟通策略，这就需要一套简单有效的客户管理方法，我称之为 ABC 客户管理法，具体的操作是按照 "ABCT+1234+年月" 对客户打上标签。

ABCT 代表客户等级，1234 代表客户成交阶段，年月代表加为好友的时间。比如，C2 张飞 19.05，表示张飞是 C 类客户且已经洽谈到第二个阶段，我们在 2019 年 5 月成为好友。

ABCT 代表客户等级，不仅显示的是客户的消费能力，更是客户身份的分类。比如知识付费类客户，等级可以按如下方式分。

A 类客户是初入职场的江湖小白，正处于努力累积职场经验的阶段。A 类客户的消费能力最低，在职场上的痛点在于还没有搞明白自己的发展方向，内心非常迷茫。

此阶段的客户尚没有经济上的压力，也不急于结婚生子、买车买房，算是轻度迷茫，距离焦虑还有段时间。但是 A 类客户的学习积极性很高，喜欢学习各类知识，购买各类书籍，也是社群互动最频繁、数量最多的一类客户群体。

B 类客户是已经有一定经验的职场能手，正处于加薪升职的阶段，有的已经成为公司的经理或总监，拿着不错的薪水，工作得心应手、意气风发，出入各种会议场所，整天与报告和 PPT 打交道，压力也随之而来。

但是，B 类客户中也有一大部分的人还没有升迁，只是公司的资深员工，眼看着 90 后成为自己的上司，危机感越来越强又郁郁不得志。此类人消费能力中等，危机意识超强。

C 类客户可称得上是白金客户，一般都拥有一技之长并且已经修炼到炉火纯青的地步，产品总监、运营总监、大客户总监，甚至具有非凡管理能力的 CEO 都属于这类。他们是职场上的佼佼者，年龄在 30 到 40 岁之间，精力与阅历都处于人生的巅峰阶段，收入水平高，开支水平更高，车贷与房贷共存，高档场所与高档穿戴并行，如果再善于投资理财赚取外快，经济会比较宽松。

C 类客户会寻求更大的发展机会，结交更高层次的人脉，为此他们愿意投入更多的费用去学习和扩展资源。这类客户中还有一部分是企业老板，他们事业有成，拥有豪车豪宅，属于成功人士范畴，消费能力自然很高，因此他们不在乎多花钱，更在乎能拥有更高价值的服务和资源。

T 类客户是特殊客户，他们可能是商学院董事长、投资公司合伙人、大学老师、商会秘书长，这些人还有可能会加盟你的事业成为你的伙伴，是具有广泛资源又愿意与你合作的人。这类客户也许不会购买你的产品，但有可能成为你事业上的贵人或合作伙伴。

1234 代表客户所处的成交阶段。

1 代表双方初次接触，客户仅询问了产品信息，对你的产品可能还不是很了解，对你这个人也没有信任基础，对这类客户你需要做的是展示更多自己的信息，打通你们之间的信息屏障。

2 代表双方再次接触过。客户之所以跟你再次接触，表明他们非常有意向，也是最容易成交的客户。此时你需要再一次塑造价值，向他们展示你的成功案例，用事实说话，用曾经的客户达成的效果来证明，打消他们的疑虑。

3 代表试用客户或购买过体验产品的客户，或者是平常互动点赞较多、对你有兴趣的客户，总之是意向客户。对于意向客户我们不要穷追猛打，这样做只会让他们更加犹豫。正确的做法是给他们一定的空间并提供不容错过的价值，让他们感觉到现在不购买，就会失去机会，这种情况下他们就会主动和你成交。

4 代表已经付钱购买过产品的客户，也就是老客户，同时也是最精准的客户。这类客户非常重要，因为他们以后可能会复购或者介绍朋友购买你的产品。对于此类客户你需要经常给予关怀，可以单独将他们分到一个群组内，节假日统一发祝福消息，然后在适当的时机让他们进行转介绍。

很多人做销售时，会对所有客户统一使用一套销售方式，白白浪费了大量的潜在客户资源，所以我们必须掌握一套有效的客户管理方法，按照 ABC 客户分类管理原则，用 "ABCT+1234+年月" 的标签来分类粉丝与客户，根据不同的类别采取不同的沟通法则，进而形成一套客户沟通秘籍，让大量的潜在客户成为你的付费用户。

小结

客户管理是一门专业的学问，做好客户管理有助于提升打造个人品牌的效率。把客户管理当作一项重要的工作，你可以用好工具，通过数据化的方式来提升自己的收益。

思考

学完本节，你打算如何做客户管理？

本章总结

打造个人号矩阵就能够拥有最好的私域流量池。百万个人号，就是百万变现的基石。

本章介绍了塑造高价值的微信形象的三个步骤，拍摄一张拿得出手的个人头像；打造一个"你就是我想要找的人"的个人标签；设计一张"令人沦陷"的微信背景图。

本章还介绍了在朋友圈快速成交的方法和客户管理方法，用数据化的方式提升个人品牌收益。

第 9 章

认知进化：打造个人品牌的 40 个认知突破

打造个人品牌不仅是一个学习技能、提升影响力的过程，也是一个提升变现能力的过程，更是一个不断重构自己思维模式的过程。只有打破自己的认知囚笼，以前所未有的角度去理解成长，理解事业和周边的世界，才能不断突破自己的认知边界，成为更好的自己。

9.1 突破发展认知，找到你的事业突破之门

要想打造出自己的个人品牌，就必须突破认知局限，人和人最大的差异也在于认知。

9.1.1 为什么有的人能干好很多事，而有的人一件事都干不好

✎ 认知突破

知识是累积，才干才能迁移。

人的能力分为知识、技能和才干三个层次。

知识的迁移能力最弱，读书再多，也只是知识的累积。技能由 70% 的通用技能和 30% 的专业技能组成，迁移性要好一些。到了才干这个层面，职业之间的界限被完全打破。

有的人能成为政治家、军事家、文学家、诗人，可以学 8 个国家的语言，都是因为他们已经通过深度学习达到了某一领域的才干层面，这些才干在其他领域也同样适用，所以即便换个领域也能干好。但如果一个人从未在一个领域达到才干层面，一个领域干不精通，换个领域还是不通。

因此在一个领域没有达到技能精通的层面之前，先不要着急做"斜杠青年"，先做好"直杠青年"，花三年时间做通一个领域，之后才可能花一年的时间就精通三个领域。

9.1.2　为什么有些人投入很多时间工作，却没有产生等比例的收益

✏ 认知突破

工作时间不等于有价值时间。

首先，我们要定义真正投入工作的时间，也就是"有价值时间"这个概念。有价值时间是指沉浸在工作中，忘乎所以，注意力高度集中的时间，而那些倒水、去厕所、刷微信、聊天、浏览网页、收快递、吐槽老板的时间都不能算有价值时间，甚至在两件事情之间的切换时间也不能算数。

这么计算下来，一般人每天有 4 个小时的有价值时间已经算是很好的了，如果除去那些喝水、吃饭、发呆、浏览购物网站、上厕所等无效时间，很多人平均一天只有 2 小时的有价值时间。那么如何提升自己的有价值时间？

1. 每天规划几个价值时间段

一般成年人的注意力高度集中时长为 40 分钟，高峰值是 25 分钟，25 分钟后注意力开始下降。所以，我们可以给自己设置一个"价值时间段"，比如设置 35 分钟。每过完 35 分钟就休息 5 分钟，中间不要间隔太久，也不要分心去想工作的事情，休息就是休息，闭目养神、喝茶、晒太阳、散步都可以。一旦你在休息阶段分心去想别的事情，就很难进入下一个"价值时间段"。

根据每个人注意力高度集中时间的不同，我们可以设置不同的时间长度。一般情况下我的价值时间段是 60 分钟左右，所以我每天会设置 3 个 60 分钟，但因为有时会被打断，所以我还会再设置 6 个 25 分钟。

2. 设置时间账户

时间是人生最宝贵的财富，我们可以设置一个表格，规划自己一天的价值时间段并把它贴在墙上。工作时间可以设置 4～6 小时，学习时间至少设置 2 小时，以保证自己超越性地成长，用来陪同事闲聊、打招呼、上厕所、吐槽、购物等的杂事时间不要超过 2 小时。

这样就已经用掉了 10 小时，休息需要 8 小时，一天还剩 6 小时可以自由发挥。如此设置，一年下来你的有价值时间多出 1 个月是件很容易的事情。

只有利用好有价值时间，才能让你有更深度的思考和更高效的工作结果。

9.1.3 你的同学和你技能差不多，但是收入是你的 3 倍，你要继续提升技能吗

✏️ 认知突破

收入 = 个人价值 + 价值感知 + 销售途径。

很多人的价值被严重低估，并不是因为技能不够好，是他们不明白收入不仅

仅由技能决定，而是由个人价值、价值感知和销售途径三个维度决定的。

个人价值是你拥有什么能力。

价值感知是别人觉得你的能力值多少钱。同样是产品经理，从小公司出来的，别人的感知可能是值 1 万元；而如果你曾经在腾讯做过产品经理，别人的感知可能是值 5 万元，这个差距就是 4 倍。

价值感知首先来源于你的经历，其次来源于你个人简历的呈现，再次来源于你的表达。通过对这三个方面的把握，一下子就能提升你在别人心目中的价值。

销售途径是你能否把自己的技能卖出更高价格的重要因素。如果你身边有 10 个做猎头的朋友，你经常向他们展示你的能力，他们可能会为你推荐不同的工作机会，你也能把自己销售出更好的价格，体现出更高的价值。如果你经常和行业内的大咖交流，让他们有机会认识你、了解你，你的收入可能会超过你本身的价值。

打造个人品牌，就是要不断提升自己的影响力，增加自己的销售途径，让自己的价值得到充分的释放。

9.1.4 假如你做了一个产品，怎样测试客户是否喜欢你的产品

✎ **认知突破**

最好的测试，就是直接开卖。

以前，人们喜欢用市场调研的方式来测试产品是否符合客户需求，但是现实与调研结果往往并不一致，这是因为很多人填写市场调研报告时写下的并不是内心的真实想法。比如，你开发了一款质量上好的包包，堪比 LV，你问一名女性客户愿不愿意买，客户回答愿意，你又问她愿意出 1500 元、2000 元还是 3000 元，

客户回答 3000 元。但是，当你实际标价 3000 元时，这位客户却不一定会购买。

既然客户回答愿意出 3000 元，那她为什么不买？因为客户在回答问题时更愿意显示出她的友好及对你产品的认可，所以往往答案会偏向积极的方面。但是当你把产品生产出来时，客户面临着是否要产生实际购买行为的状况，而事实上她可能并不需要，或者已经买到了更好的，此时她不一定会购买你的产品。这就是测试和实际情况之间的区别。

那么怎样才能得到准确的结果？当客户回答愿意出 3000 元购买时，你可以直接说："第一批包包，先以 2000 元的价格销售，你需要定几个？"如果客户当场购买，就说明是真的被你打动了。如果你有 1000 个粉丝，能卖出 100 个，就可以选择上市。

最精准的测试就是直接开卖。哪怕你还没有生产出产品，你也可以先开始预售，预售成功后再生产，如果连预售都不成功，那就别浪费钱生产了。

9.1.5　客户愿意付款的产品，就是好产品吗

✎ 认知突破

客户愿意付款的是中等产品，愿意使用的是上等产品，愿意分享的是上上等产品。

在移动互联网时代，一个产品的好坏已经不能用卖不卖得出去来衡量了。产品能卖出去是最基本的要求，也是创业的最低要求。如果客户在使用后不愿意分享，这个产品就不算一个真正的好产品。

有一次在深圳，我跟樊登交流时，他说他做的第一个读书产品是读书笔记。他每年读 50 本书并写下自己的读书心得，把书的核心内容做成 PPT，替客户读 50 本书，才收 365 元。他一场演讲下来，卖了 300 多份，当时很兴奋，回去就开

始着手做 PPT，发邮件给每个人。

过了一段时间，他打电话回访客户，想了解一下客户的反馈，结果客户说："樊老师，你做的产品很好，只是我没有时间看，你每个月尽管发，等过年有时间我一起看。"

这时客户看起来是满意的，也没有要求退费，但是这样就算是好产品了吗？按传统观念来说，客户愿意出钱购买，应该算是好产品，但是从长远角度来看，却并不乐观，因为客户不会再有第二次购买行为，自然也不会有好口碑。

一个不喜欢读书的人，即便对着做成 PPT 的读书心得，看起来也同样很困难。后来樊登就把制作 PPT 改成"讲书"，既然客户不喜欢"看"，那么就让他们"听"。现在樊登读书会已经有超过 2000 万会员了。

9.1.6 为什么常常一个问题还没想清楚，就急急忙忙去做别的事情了

🖊 **认知突破**

思考厌恶症，为了逃避思考愿意做任何事情。

有的人在思考问题时，一旦思考不出结果，就会出去走走、翻看一下书籍、看会儿电影或出去找朋友聊天，接着开始做别的事情，也就是说，他们一旦思考遇到障碍，就会转移目标。然后，他们会按照别人的建议做、按照老板的指令做、按照书上指导的方法做，总之就是不按照自己的意愿做。

为了逃避思考，他们愿意做任何事情，愿意按照任何人的建议去做，最后自己为结果买单。这是典型的思考厌恶症。

在工作中，70%的人是深度思考厌恶症患者，只不过很多时候自己没有意识到。而那些能把事情做到极致的人，一定会自己思考问题。无法深度思考问题就

无法找到最好的解决方法。这不是任何人的错，因为人类在进化的过程中，就要求大脑处于"惰性思考"的状态。

但是，如果我们要获得事业的成功，就需要刻意练习，克服人性的弱点。那些成功的企业家、CEO 拿出的最佳解决方案一定是自己深度思考的结果。只有深度思考，才能找到最高效的方法，逐渐形成核心竞争力。那么，如何养成深度思考的习惯？

第一，学会深度思考一个简单的问题。把简单的问题思考透彻，然后把这种能力迁移到复杂的问题上。

第二，连续发问。比如思考如何能做到每天写作 300 字这个问题时，可以不断向自己发问：第 1 个问题，自己的写作能力不强，如何下笔写；第 2 个问题，如何快速提升写 300 字文案的能力；第 3 个问题，如何坚持每天写 300 字；第 4 个问题，每天坚持写 300 字需要花多少时间；再追问第 5 个问题，每天花这么多时间如何坚持，最终得出结论。

最终只要按照自己通过连续发问总结出的逻辑，每天在固定的 30 分钟内就能写出 300 字，在 100 天后就能使自己的思考能力和文字能力提升一个等级。

第三，在日常生活中，形成思考的好习惯。比如你在外出吃饭时，可以观察一下饭店的菜单、店内布置，猜一猜这家店能活多久；在与朋友聊天时也可以思考一下是否需要改变聊天的方式，以更好地沟通。

9.1.7 只要把事情做好就有好口碑，真的吗

✎ 认知突破

口碑 ≠ 好，口碑 = 超出期望。

客户只有在获得了意想不到的价值时才会说产品好。

有时你会疑惑，为什么你的产品做得这么好却仍然没有获得好口碑？其实，这都是你自己造成的，你把产品的功效宣传得比你的产品还要好，客户没有获得超出期望的价值，即便你的产品真的很好，他们也不会说好。

举个例子，你的朋友找你借钱，你答应借 1 万元，结果因为手头紧，只给了8000 元，他并不会十分感激，相反会觉得你有点小气，而且出尔反尔。

如果你给了 1 万元，会不会有好的口碑？事实上也不会，因为你只是履行了你的诺言。那么怎么做才会有好的口碑？

如果当初你只答应借 5000 元，后来又拿出 8000 元并主动送到他家，这时就会产生好口碑，因为有两点超出了他的期望：第一点，多了 3000 元；第二点，你主动送到他家，而不是让他到你家去取。

如何做到超出对方期望值至少两倍？

你可能觉得这个比较难，但是我们把事物分为多个维度，就可以很轻松地超出两倍。比如，你开发一款产品可能无法超出两倍，但是你可以把包装做得更好、把物流做得更好、把服务做得更好并附赠精致的礼物，这样加起来就会超出两倍。

9.1.8　做一件事情前，要先想好成功的方法再采取行动才比较稳妥吗

✏️ **认知突破**

去做，才会有更多的方法。

有些人想要打造个人品牌，思考了很多，如何才能做到、使用哪些方法才能成功、怎样才能有更好的途径变现……但一直没有行动。有的人想要创业，整天想着如何赚钱、如何不亏钱、万一投入成本却没有客户该怎么办、万一没有收入全家人的生活该怎么办……却迟迟迈不出第一步，于是创业的梦想一耽搁就是十

年。而有的创业者其实并不聪明，只是选择直接开干，后来面对困难也能想出很多方法，还能得到贵人相助，事业越做越好。

所有的新手妈妈之前从来没有养过孩子，但是却能把孩子养大，难道是她在生孩子前就想好了孩子生病怎么办、孩子上学怎么办、孩子不听话怎么办吗？不是的，这只是因为她有强烈的使命感，有 100 个必须做好的理由，也有 100 个做不好的痛点，如果孩子出了任何差错，她都会痛苦一辈子。

所以，凡事不可能都想好了方法再做，而是只有做了才有更好的方法。只要有一个大致的方向，就直接开干吧，方法自己会找上门来。

9.1.9　为什么你总是把控不住时间，做事情总是超过预定时间

✏️ **认知突破**

建立时间账户，把时间像钱一样花。

你和客户聊天，本来应该花 1 个小时，结果却花 3 个小时，你可能不会心疼那 2 个小时。但如果你本来应该花 1 万元买手机，结果却花了 3 万元，你会非常心疼，甚至你会去投诉。人在花钱时会权衡一件东西值多少钱，会货比三家，但是花时间时却很少考虑这些问题。

我们做工作也一样，如果你的工资是每个月 1 万元，工作日按照一个月 22 天计算，你每天的工资是 454 元，每小时 57 元。但是你的工作对公司产生的价值可能是 30 万元，那么你每小时产生的价值应该是 1704 元。你每浪费 1 小时，就会失去 1704 元，你有心疼过吗？

在和客户约见时，我经常会提前讲好，我下午 4:00—6:00 有空。当我和对方聊到 5:50 时，我会看看表，这时他（她）就知道应该尽快结束对话了。

如果你不对自己的时间进行控制，你会发现时间很快就过去了，一天的工作产能也非常低。如果我们把时间计算成钱的话，你会发现有很多时间都是白花的。

为自己建立一个时间账户，每天 24 个小时，12 个小时用来吃饭、睡觉、和家人沟通，剩下的 12 个小时是工作和学习的时间。前一天晚上就计划好第二天的每小时做什么。

有时候，你会为了省钱，多花很多时间。比如为了节约打车费用多花时间坐公交车；为了买到更便宜的菜，去更远的菜市场；为了节约买饮料的几块钱，多花了半小时去半公里外的大型超市……你的 1 小时本应价值1000多元，而最后才换来5元。

时间应该用在更有意义的事情上。节约下来的时间你本来可以用来读书、听课、思考，这是增加个人价值最好的方法；或是用来陪伴家人、健身、旅行、发呆，以及给自己做一顿色香味俱全的晚餐，帮助自己获得更好的生活体验和更强健的身体。

9.1.10　你能做一件后来居上的事情，实现人生逆袭吗

✎ 认知突破

专注力，是一种稀缺资源，用好就能产生 1 万倍的威力。

假如你专注于每天作画，画虾或画竹，10 年后，你的一幅画可能会值 100 万元。但是如果你第一年画虾，第二年画竹，第三年画山水，最终一幅画卖 100 元可能都没有人买。

做个人品牌也是一样，如果你专注于自己的定位，把一件事做到极致，同样可以获得 1 万倍的成绩。在知识付费领域有一名百万讲师叫路骋，他的课程"老路商学院"售价 99 元一份，卖了 60 多万份，收入 6000 多万元，而他其他课程

的销量很多都不超过 10 万元。

我们来看一下专注和不专注的收益差别。如果我们一天静下心来写作，可以写出 5000 字的好文章；如果不专注，写半小时就去喝茶、购物、闲聊，一天可能连 1000 字都写不完。再看质量，1000 字根本不成文，可以直接废掉。所以，有人一年能写 30 万字的书，还不耽误本职工作，有人 10 年也没有留下一篇好文章。他们的收益相差 1 万倍，不是很正常吗？

专注力是一种力量，一种巨大的力量，当你尝试后，收获的成果自己都不敢想象。

小结

打造个人品牌是人生的重大突破，也是事业的重大突破。想要事业突破，首先要打开突破之门，如果不能破门而出，即便付出再多努力，都是在原点打转。

每一个层次的人，都有每个层次固定的认知，每一个认知层次就代表一种事业的高度。如果对事业的认知无法突破，就永远不可能实现事业的突破，即便交好运、中大奖，得到贵人相助，最终也会回到原点。

思考

你曾经意识到自己被"卡住"吗，是什么原因让你无法突破？

9.2　突破学习认知，构建自己的高效学习力系统

在学习方面有些人也会被一些"常识"所固化，我们需要打破常规，提高自己的学习效率。

9.2.1　如果你想成为顶尖高手，如何"取其精华、去其糟粕"地学习

✎ 认知突破

找到可对标的顶尖高手，"无底线"地对标学习。

对标学习法，就是找一个比自己强，或者你期望成为的人进行模仿性学习。对标学习，不是到处去找人对标并学习很多人的优点，或是学习自己认为好的方面，而是找准一个对标的高手，然后全方位地学习这个人。有人可能会说，我只需要学习这个人好的地方就行，可是你怎么知道对方哪些方面是好的地方？

当对一个人的认知还不够全面时，我们只能依据自己目前的认知水平区分优劣。而"无底线"对标就是完全学习，先学好再说，直到超越那个人。

华为曾经支付数亿元的学费学习 IBM 的管理理念。公司内部有人提出过质疑，说世界上有很多先进的管理理念，为什么只学一个。任正非的观点是，如果什么管理方法都学，只会学得混乱不堪，一无所获。这是因为不同的管理方法管理的方向可能不同，这个往这边管，那个往那边管，综合起来抵消就是零，所以华为只向一个方向学习，只学一种模型。

对标学习的意义是，让我们有参照物，可以加速成长。对标学习这个方法，其实我们小时候也在用，比如临摹字帖，就是完全对标学习。很多伟大的企业也采用过对标学习的方式，比如雷军研究乔布斯，华为模仿小米做粉丝互动等。

我在做品牌咨询时就对标学习了一个在国内很有名的行业顶尖大咖。我先找出他公司的方案进行完全模仿，连 PPT 的排版都一样。而且我只参照他一个人的 PPT，因为我知道如果参照很多人的 PPT，最终会把自己的 PPT 做得乱七八糟。这样的学习一直持续到我能轻松写出和他一样的方案才算结束。

"无底线"对标学习，就是一种临摹。最初模仿时，无论好坏先一起模仿，因

为你无法判断对标对象哪里不好。我们在学习时最好想尽办法见到本人，与对方交谈，观察对方讲话的方式、说话的逻辑，然后模仿，直至超越。

9.2.2　事业越来越好却越来越焦虑，如何才能学习更多的知识

✎ 认知突破

关注自己，让自己获得更大的能量，才能成为更好的自己。

有一些人喜欢关心未来，心中一直充满着向往，想着功成名就，住在面朝大海的别墅里的景象；而另一些人总回忆过去，回忆自己儿时的艰辛及曾经伤害过自己的人。这些人的心不是在未来，就是在过去，总之就是不在现在，不在当下，一直处于身心分离、"灵魂出窍"的状态，这样难免会焦虑。

忙事业、忙赚钱，是一种能量的外放，如果持续外放，会让身体和意识的能量逐渐降低，而关注我们自己则是能量的内收。比如在太阳下散步，感受阳光穿透皮肤、补充身体能量的感觉；在海边眺望，感受大海的宽阔，聆听海浪的声音，从自然中获取能量补充给自己；静坐一会儿，放下所有的思绪，把忙乱的心收一收，慢慢地感受它；还有人会练习瑜伽、打坐、放空自己等，这些都是关注自己。

关注自己的内在本我，是一种内收。这并不是说不要忙事业，恰恰相反，越多关注自己，会越有力量做更多的事，做更正确的事。

不管我们处于哪种层次，都要把关注自己这件事放在心上。在不同的阶段，寻找不同的方法，让自己成为更好的自己。我们可以采取的方法如下。

1. 宽恕法

坐下来用 5 分钟宽恕别人的过错，宽恕事情的不成功、不顺利。闭上眼睛，

205

把当时的画面调出来，跟自己说，别人犯错而不自知，已经很可怜了，宽恕他吧；自己已经很努力了，却没有获得理想的结果，本身已经很伤心了，宽恕自己吧。

宽恕，最重要的是宽恕自己，把自己的过失、内疚、不勇敢、欲望、痛苦等在脑海中重现，盯住那个画面，然后跟自己说：宽恕吧。只有宽恕，才能修复自身的能量，才能有更强大的能力让自己修炼得更好。

2. 截断法

当有很多事情需要忙碌，有很多东西需要思考，已经发现自己开始焦虑时，我们要果断截断这些想法，给自己 5～10 分钟，让自己安静下来，冥想、写字或者打游戏都可以。让自己的潜意识去处理那些事，顺其自然，往往会出现更好的结果。

关注自己，与财富、事业、亲情、爱情无关，无须外求，自己就能做个自足的人。房子、汽车、社会地位其实都不是让自己的内心感到宁静和满足的东西。

9.2.3 为什么学习了很多东西，却没有赚到钱，是不是学得还不够多

✏️ 认知突破

100 分的技能能赚 100 万元，50 分的技能可能 1 分钱也赚不到。

有个学主播专业的学员跟我说，自己非常热爱学习，但是学习了很多知识和技能，却没有赚到钱。我很好奇她都学了哪些东西，她列举了很多，比如演讲技能，因为演讲老师说，演讲可以把个人能力放大 100 倍；比如社群裂变，因为社群老师说，这个时代，社群是最快实现变现的方法；还有情绪管理，因为情绪管理老师说，无法控制情绪就无法控制人生。

后来她还报名学习了一位知名老师一年的 VIP 课程，包括创富、创业、婚姻关系、人脉、记忆术等，一年学习花了 1 万多元，把自己忙得不行，不仅没有赚到钱，还越来越焦虑。

于是我帮她分析："这些知识确实都很有用，那些老师也很好，但如果你以为通过几天的学习就能变现，那就是你的错。演讲技能确实能将个人价值放大 100 倍，甚至 1 万倍，可是，如果演讲技能有 100 分，你通过短短两个月的学习，最多才能得到 10 分，你想用 10 分的技能去赚钱，还期望 100 倍，这怎么可能？那些人能站在舞台上绽放光芒，都是经过了长年累月的锻炼，无数次打击，无数个日夜钻研，最终才得以实现的。"

即便一个人学习了 10 项技能，10 项 10 分的技能加起来其实还是 10 分，并不是 100 分，10 分的技能是永远无法变现的。而且，大脑不喜欢被多次切换，如果你一天做好几件事，大脑神经会受到干扰，就会出现焦虑情绪。所以那些特别注重大脑状态的人，会经常以冥想、打坐、瑜伽等方式让大脑放空，减轻大脑神经的疲惫。

后来我建议她找到自己的个人定位，深度学习"练就好声音"这门技能，向打造和提升自己"声音美容师"的个人品牌方向持续努力。比如加深学习自己主播的专业知识，学习要围绕如何更好地发声、如何保护嗓子、男性如何发出浑厚有磁性的声音、女性如何发出柔美悦耳的声音这个大方向。

我还建议她可以多听那些全世界最出色的演讲，比如历届美国总统、马丁·路德·金、超级演说家等人的演讲。然后可以教孩子如何从小锻炼好声音，教知识付费的老师录制课程时如何发声，还可以教 CEO 上台演讲时如何发声等。总之，要围绕自己的个人定位集中发力。

经过 3 个月的潜心修炼，她开始开班招收学员，第一期每人 1500 元，招募了 30 多人。

9.2.4　为什么学了那么多东西，反而心情越来越浮躁

✎ 认知突破
_____

抽离自己的身体观察自己，做好当下的自己。

人的大脑的承载力是有限的，不断地在多种学习之间切换会把自己累得半死，必定会扰乱心神导致心力交瘁。如果学完后没有因此赚到钱，就会慢慢地产生焦虑情绪。

有的机构还会接二连三地推送其他课程让你学习，尤其是赚钱绝学、快速致富、快速"圈粉"之类的课程，错过一个课程就好像错过了几个亿，这又会加重你的亏损心理，焦虑感与日俱增。

其实，你从来没有错失任何东西，那几个亿从来都不属于技能一般而又急功近利的人。如果你能深刻理解"日拱一卒是最快的方法"，你就再也不会急功近利了。那么如何减轻这种浮躁感呢？

1. 把自己放在当下，好结果自然呈现

专注你当下最应该做的事情。就像你要去爬华山，你要坚持看好脚下的路，一步一步往上走，不要怕慢，更不要一边爬华山，一边想着泰山。还有最重要的一点，不要总想着登峰后的风景和成就感，专注于脚下每一个台阶，把每一个台阶走稳，最后必定能坦然自若地到达顶峰。

如果自己走在山下，心在山上，人与心分裂，不焦虑才奇怪。当下，就是脚在路上，心在心中。

2. 抽离自己的身体观察自己

把自己抽离出来，观察自己的焦虑，就像坐在电影屏幕前观看自己的表演一

样。你可以静静地喝一杯茶，把自己当作旁观者，观察自己的状态。

深吸一口气，再把焦虑的情绪吐出去，这样做即便不能立即解除焦虑，也会减轻焦虑感。最可怕的是自己已经身在焦虑中却不知晓，任凭这种情绪蔓延，最后心烦意乱而无法排解。

9.2.5 一段时间做多件工作能提高效率吗

✎ 认知突破

"心流"是专注到忘记周围一切的状态，是思维和身体的巅峰状态。

我最初做品牌部经理时，由于部门要同时负责好几个项目，我就把它们放在一起来思考。当时我觉得自己很厉害，工作效率也很高，一天从早忙到晚，很有成就感。

后来我们公司来了一个新领导，他向我建议说："你这样做看起来很有能力，能把控多个项目齐头并进，但其实效率不高，很难思考出最佳的策略。"当时我并没有太大感触，后来才慢慢理解这一点，逐渐转变了工作方式，一个时期只专注于一个项目，做出经典案例。

人能做到专注，已经非常不容易，而"心流"则是思维和身体的巅峰状态，你会完全沉浸进去。比如你在写作，连天黑了都不知道，就是达到了这种状态。有一次我在写方案，忘记了下班时间，最后居然被锁在了办公室里。

这种状态是创造力最大的时候，如果你问身边的朋友每天能专注多久，可能有人回答 10 小时，有人回答 5 小时。其实，我们每天真正专注的时间，能超过 4 个小时就已经非常了不起了。

如果每天能有两小时处于"心流"状态，坚持一年必定会有很大的突破。事实上，我们办公时，大部分时间是在处理琐事，往往大脑要同时思考 3 件事，而这样做效率很低，进步很慢，也许永远走不到巅峰的状态。

如何做到经常进入"心流"的状态？我的方法如下。

1. 环境代入法

回忆你之前的"心流"状态是如何出现的。比如，我打开一个 PPT 或者一个文档开始写作，5 分钟后慢慢进入状态，这时如果周围有声音，我会更容易进入状态。我习惯在咖啡馆或在办公室里办公，我会把手机放到抽屉里锁起来，放下杂念，然后慢慢地投入到工作中。但是有的人会需要一个安静的环境，人与人不同，要找到自己的方法。

2. 未来目标法

想象自己未来的样子，把目前纠结的人和事放开。如果你知道未来你会成为伟大的企业家，就不会纠结现在是否能多出 1000 元的工资；如果你觉得未来你是个有成就的人，就不屑现在与同事钩心斗角。从未来看现在，让自己忘记杂念，保持纯真。

3. 人物对标法

你以后想成为谁，你就假想那个人会怎么做。当你在为一些小事纠结时，想想乔布斯，他是不是正沉浸在创造伟大手机的思考当中。

如果想要专业知识得到质的飞跃或者事业得到更大的提升，"心流"的状态必不可少。

9.2.6　拥有一项技能就是有了核心竞争力吗

✎ 认知突破

创造力是未来个人发展的核心竞争力。

未来，随着人工智能的发展，真正有价值的是创造性的工作。如果你能创造新概念、新理论、新技术、新方法、新作品，就很容易被市场认可。普通的技能会获得平均收入，而创造性的工作会获得意想不到的高价值。技能是一项竞争力，但是能更新迭代的技能才会把这种竞争力持续下去。

苹果手机每年推出新产品，微信几乎每月都在更新，那些能够开发出新功能的人为企业创造了高价值，所以能成为企业的核心员工，能够拿到更高的薪水。而那些只会写代码的人只能做普通员工，拿平均工资。

每过 5 年，就会出现一轮新的商机。5 年前谈个人品牌，没人理你；今天，拥有 10 万粉丝，一年变现 100 万元的个人品牌越来越多；而未来，个人品牌的发展潜力会更大。这需要你无论从事什么工作，都更具有创造力。比如你做蛋糕，要做成符合互联网特色的蛋糕，发到朋友圈，让人一看图片就垂涎三尺；你做健身，把枯燥的锻炼设计得有趣，让人能够轻松克服懒惰心理。只要有创新，就有新的商机。

那么我们如何培养自己的创造力？

创造力的培养，并没有想象中那么难。你无须像科学家一样发明新的东西，最简单的创新就是重新组合，这件事情人人都能学得会，你只需要不断培养大脑勤于思考的习惯。

这个习惯的培养至关重要。你去吃饭，可以观察这个饭店有哪里可以改进；你去买衣服，可以观察店员如何说话；你坐在出租车上，可以看看哪些广告是在白白浪费钱。

养成思考的习惯，你的创造力就会慢慢萌芽，无论行业如何发展变化，无论经济是好是坏，你都具有不断创造的核心竞争力。

9.2.7 写文章是打造个人品牌的方法之一，如何做到每天坚持写文章

认知突破

建立知识框架，每天只写一个知识点。

写文章有困难，一定是因为没有制订自己的知识框架。每一个领域都有不计其数的知识点，网上从来不缺少知识点，缺的是系统，缺的是梳理，更要命的是网上的很多知识是错误的。

人们为什么要付费买课程？主要是因为网上的知识点太散乱，通过自己的搜索无法总结出一个系统，也不知道哪些是自己的领域最需要的知识，又或是看了大量的书也往往只围绕一个小点，终究看不到全貌。而高手进入一个行业，一定会先梳理这个行业的知识框架，看看最顶层有哪些知识，然后按照框架学习，这样会比较全面。

如果你想学习心理学，就找到最顶尖的高手，比如一位心理学博士，向他请教心理学的知识框架大概是什么样的，请他推荐一些入门书籍，然后再一步一步地填充这个框架。要打造个人品牌，把每个知识点梳理清楚，很可能几年都梳理不完。

制订了框架后，我们要给自己定一个目标，那就是每天输出一个知识点。能把一个知识点讲透，就是一篇好文章。比如很多人都关注如何打造个人标签，那么具体如何做就是一个知识点，对那些不知道如何打造个人标签的人来说，这就

是一篇很好的文章。

怎么才能写得快？你可以找一套写作模式，比如观点、故事和结论三段式文章，每天按照这个标准输出，慢慢地你会发现，你的产出越来越快，越来越得心应手了。

9.2.8　写文章有利于提升个人品牌知名度吗

✎ **认知突破**

写文章除了提升知名度，还有另外 100 条好处。

有时我们不去仔细、彻底地分析做一件事的好处，就没有办法安心地去做这件事。写文章这件事，如果你仔细分析，至少可以找出 10 条好处，而且如果你坚持写一年，你发现自己还能再找出 10 条好处。当你看到那些好处时，你就再也不会觉得写作这件事有多难了，下面我就给大家列举一些写文章的好处。

第一，写文章的过程其实是对自己思维的重新整理，通过对知识点的汇聚、分拆、梳理，让自己的思路更加清晰。这个重新整理的过程，也可以让你的知识体系框架逐渐建立起来，从而获得客户对你专业的超强信赖。

第二，写文章收获最大的是自己，因为自己对写出的观点理解是最深刻的，同时也是经过了大量思考的。如果每天都进行一次这样的思考，100 天后你的思维能力会上升一个很大的台阶。

写文章，能够深化自己学到的知识。单纯的学习，收获可能只有 5%，而写出来却能达到 50%。而且写的过程中会涉及别的知识点，可能会把学习的收获提升到 300%。也就是说，你学会了一个知识点，写作能让你联想到别的知识点，加起来收获可以达到 300%。每天收获一个知识点，一年后认知提升了一个台阶，收入也会提升一个台阶。

第三，很多人树立了自己的标签，有了知识体系，但是他的个人品牌却出不来，这是因为他不写文章，他没有把自己的知识体系传达出来。

传播个人品牌的途径有两个，一个是"讲"，一个是"写"。能"讲"，其个人品牌也可以树立起来，但是与能"写"相比，却弱了太多。"写"比"讲"至少强1000 倍，因为承载"写"的平台很多，各种自媒体号、各种网站都能承载文字，实体书又是更高阶的打造个人品牌的方式，但是承载"讲"的平台却很少。

第四，人们对文字的信赖感比对讲话的信赖感强度高很多。

第五，录音和视频需要从头听到尾，而文字可以跳跃着看，速度更快。

第六，文字传播的时间更长，几千年之前的文字，我们现在还在看，比如个人品牌最强的几个人，老子、孔子、释迦牟尼、苏格拉底，他们的文章我们现在还在分析、学习。

第七，写文章会让读者有天然的情感信赖。如果你每天都写，坚持 100 天，大家都会觉得你是个很坚持的人，在情感上会信赖你，如果你卖东西给他们，他们的顾虑也会少很多。

第八，写文章能锻炼自己的专注能力。当你写文章时，你会无暇顾及别的事情，那一刻你心无杂念，不乱想也不焦虑，处于生命本来应该有的状态。

第九，写文章是一种创作的过程，也能激发自己的创意。与看书、看电影、吃饭、喝酒、旅行等相比，写作才是创作，别的都是学习和娱乐。每天写作就是每天进行创作，自然收获巨大。

第十，写文章能让自己的思想放大成千上万倍。你发到各个平台，1 万阅读量就是 1 万倍，10 万阅读量就是 10 万倍，这是你在普通的工作过程中无法获得的能量。

第十一，通过写文章梳理个人品牌，你不需要推销自己的东西，粉丝看多了你的文章，自然会买单，而且会源源不断地购买，赚钱是自然而然的事。

从 2014 年开始，我几乎每天都在写文章。我还知道有几个人每天坚持写作，比如罗胖、李笑来。我还见过陈春花老师，她是大学教授，还是企业管理的导师，管理过市值千亿元的企业，她早就是名人，还能坚持每天写作。她说，写文章会让她的智慧不断地增加，让她的思想不至于陈旧。

既然他们都能坚持写，我为什么不能坚持写？所以我也坚持每天写 2000 字，除非住进医院，绝不中断。每天 2000 字，一年就是 73 万字，想想就觉得开心。

很多人都想要打造个人品牌，然而大多数人只不过是嘴上说说，其实他们心里只想着如何快速赚钱，以为给自己定一个标签就是打造个人品牌。如果说打造个人品牌是建一栋大楼，那么定标签只是选定了一块地皮，才刚刚开始，而天天写文章则是为建楼积累一砖一瓦。

9.2.9　打造个人品牌如何输出更多更有深度的知识内容

✎ **认知突破**

输出数量倒逼输入数量，输出深度倒逼输入深度。

研究表明，输出，也就是教别人，是最主动的学习，自己的留存也更多。这不是因为我们拥有很多知识，而是输出时我们获取知识的欲望更加强烈。当学员咨询你一个问题而你不会解答时，你一定非常有压力，也不好意思说自己也不清楚，于是你会快速地查百度、翻书、寻东问西，然后解释给学员听。这中间的一来一去，就有你的思考、消化和转述。

从思考到消化到转述，是一个输入与输出的过程，你从中汲取的营养，远比单纯的输入来得更多、更深刻，在此我推荐几种输出的方法。

1. 写

慢慢养成把想到的东西写下来的习惯，每天坚持写 500 字，一年就是 18.25 万字，15 万字就能形成一本书。

2. 讲课

把自己所学到的知识梳理成课件，讲给别人听。这不仅需要有逻辑、有温度、有故事，还要有表情和动作。每个人都有这种机会，你也可以在工作中寻找这种机会，即便是讲给几个人听，也是一种授课。

3. 深度交谈

围绕一个主题，大家深刻地交谈，彼此激发更多的创意，而不是在吃饭中随便聊聊天气，讲讲笑话。

接着我再为大家推荐几种输入的方式。

1. 应用式看书

所谓应用式，就是如果你有一个问题正需要解决，就要马上把相关的书籍购买回来。比如你正在做社群营销，那么就马上入手几本社群营销的书，这种输入的吸收是最快的。

2. 与更高层次的人对话

和更高层次的人对话，不是因为他们能告诉你更多的知识，而是他们的思路能为我们打开一扇窗，看到很多你以前看不到的东西。和更高层次的人对话，你会获取他们身上的能量，让你有胆识去做过去不敢做的事情。比如，上个月我去见了一个投资人，他跟我讲述了如何通过把公司做得更值钱来赚钱，而不是单纯地把产品卖得更多来赚钱。这个思路就是我以前没有遇到过的。

3. 听讲座

听讲座，不仅仅是听老师的内容，还能现场感受老师的讲课方式和技巧。

写作、讲课、深度交谈，都属于输出的方式。如果不输出，只是浏览知识，在网上下载几个 G 的资料，并不能最大限度地输入知识并有效吸收。

小结

成为终身学习者固然很好，但是不要做知识的搬运工，有效的学习才能让自己获得提升，高效的学习才能超越自我。

普通人想要获得事业成功，就不能用正常的速度奔跑，因为普通就意味着起点本来就很低。因此我们需要高效学习，超越性地学习，敢于打破陈规，否定一切，找到适合你的突破性学习方法。

思考

你自己的学习方式属于哪种，你将如何提升自己的学习效率？

9.3 突破社交认知，链接你想链接的任何人

只要能掌握正确的社交方法，你能和任何你想要链接的人进行友好的交往。

9.3.1　如何去求见更高层次的人

✐ **认知突破**

没有人喜欢被求，他们只喜欢平等对话，用杠杆法能约到任何你想约的人。

我曾经想要约见一位清华大学的老师，我的做法是先找到他的微信，给他发了信息。信息的内容如下：我是王一九，是一个线上教育创业者，目前直播间有 1000 万人气，最近正在跟华南理工大学 MBA 教授 A 先生合作做线上课程。我今天恰好约了她出来谈课程，听说您是清华的知名创业导师，不知道能不能邀请您一起来谈谈创业的课程。信息发过去后，他很快就回复说可以，当天我们就见面了。

他为什么会答应我的邀请呢？我们来拆分一下这条信息，其中包含了两个杠杆。

第一，线上教育的创业项目，1000 万人气，一般的老师都禁不住这个诱惑。

第二，华南理工大学 MBA 教授，这也非常有分量。

而且我们谈的事情是"创业课程"，也是他的兴趣点，是他的需求。

邀约人的误区，就是低声下气地求人，千万要避免这一点。人都喜欢和更高层次的人交往，而不是和更低层次的人交往。我们可以谦虚、客气，但是不要低声下气地迎合。

人际交往的关键是平等对待，永远相信自己将来会更好，将来的你会比你邀约的人还要好，这样你就有足够的底气去邀约。当然，无论邀约谁，我们要先思考自己能够给对方带来什么好处。如果谈的事情只符合自己的利益，对别人没有足够的利益保证，就算见了也谈不成，不如不见。也就是说，我们心里要永远想着别人的诉求，先满足别人的诉求。

9.3.2　打造个人品牌，如何才能获得大咖的帮助

✎ 认知突破

不是先获得帮助，而是先思考如何帮助大咖。

大咖能让我们站在巨人的肩膀上，让自己的个人品牌快速提升，我们能从大咖那里获得的帮助有很多。

第一，帮你做背书。这个最简单，比如帮你写推荐语或跟你合影。

第二，把你带进具有更高能量的圈子，建立更多人脉。

第三，给你智慧的提点。也许你过去 3 年没想清楚的问题，对方一句话就能点明。

第四，提升你的气场。如果你每天跟大咖在一起，不知不觉中你的气场和自信也会大幅度提升。

第五，激励你前进。你亲眼见证了他们的优秀，同时也看到了优秀的人背后的努力，你会更加有动力。

第六，拓宽你的知识面。与大咖谈话，会让你知道更多书籍、电影、资讯和商业模式。

第七，形成好的习惯。看到大咖的一些行为模式，你会不自觉地跟随，然后也会形成习惯。

第八，提升你赚钱的等级。你能够看到更高阶层赚钱的方式，提升对赚钱这件事情本质的认知。

但是大咖凭什么为你提供这些好处呢？太多人想从大咖身上获得好处了，所

以我们就要反其道而行之，首先不是想怎么获得，而是想我们如何才能帮助到大咖。

大咖需要粉丝的认可，需要有人帮助他们传播内容、维系规则、介绍客户、整理文字等，只要他有需求，你可以毫无保留地为他们做事。

有人可能会说，我帮别人做事是要收费的。没错，你的工作是要收费的，但是你有没有想过，你从大咖那里获得的东西，远远要比你的工作收费价值更高。有人可能又会说，我都帮了大咖好几次了，但是我什么回报都没有获得，请他帮我写个推荐语他都不愿意。

有时候确实会遇到这样的情况，你帮助了别人，却没有获得任何回报。这是因为你的帮助没有超出对方的期望值，如果能远远超出的话，慢慢地你会成为他的朋友，这个时候你想要获得的帮助自然而然就能得到。

我曾经想要拜见一个大咖老师，于是我就经常在他的微信公众号留言，直到我的留言被选为精选。后来我知道他要来深圳出差，就联系他说有时间可以去机场接他，他答应了。然后我邀请他一起用餐，单独订了一间安静的包房来接待他，相谈甚欢。虽然我并没有想要得到什么，但是在聊天的过程中，我发现自己的收获已经很大了。

9.3.3 领导总是提出不靠谱的想法，你是默默忍受，还是怼回去

✏️ **认知突破**

提升认知水平+积极正面沟通。

我在做咨询时，经常遇到很多老板提出不靠谱想法的情况，比如他的公司要做行业第一名，可是他都不知道第一名长什么样，需要多少营业额，需要什么样

的人才架构，需要多少资本。想要成为插座行业的第一名大概需要每年 80 亿的营业额，而电饭煲行业则需要 100 亿的年营业额。

还有的老板很有自信，认为他们公司可以整合很多协会、商学院和资本资源，可是他没有考虑这些资源为什么会被他整合，自己有没有整合别人的资本。他们会产生这样的想法一是因为急功近利，浮躁；二是因为被很多互联网的概念和成功学所迷惑。

每个人对世界的认知都是一个小圈圈，要不断扩大这个认知圈，才能更准确地分辨一件事情是否靠谱，才能和老板平等对话。靠谱不靠谱，往往不取决于事件本身，而取决于谁去做。

怼人的事坚决不要做，不管对象是谁。不怼老板，也不怼朋友，更不怼家人，因为怼人不仅没效果，而且成本很高。"对事不对人"这句话太坑人了，事是人做的，对事就是对人，能够把情绪与事情 100% 分开的人，极其稀少，约等于 0。

当然，不怼人也不等于完全默不作声。沉默不发声，是一种消极的反抗，是一种冷暴力，不仅对别人没有好处，也会阻碍自己的进步。我们需要学习积极的正面沟通，只要发心是为公司好，老板也会有所感知。

9.3.4　与人沟通时你要如何说服别人

✏️ **认知突破**

沟通不是为了说服别人，而是让对方跟你一起行动。

我们从小经历过很多次比赛、很多场考试，逐渐形成了"赢"的惯性，我们也会把这种"赢"的思维带到沟通中。然而，沟通的目的不是讲对错，沟通本身也不是辩论赛。在辩论赛上，你赢了可以获得名次，可以获得奖励，名利双收。

而在日常工作中与人沟通，往往是你赢了辩论，却失去了合作的机会。

沟通，不是说服，而是让对方理解你的行为，然后跟你一起行动，一起创造事业。

9.3.5　听话照做就能做出成绩吗？假如你带领团队，会让他们听话照做吗

✏️ **认知突破**

听话照做是最低策略，是无可奈何的结果。

很多的团队培训都在宣扬：你只要听话照做就能成功。没错，我们确实看到过去有些企业让员工听话照做就产生了很好的业绩。但是，听话照做其实是无可奈何的做法，如果每个人都有激情去创造，老板何必让员工听话照做。员工听话照做，那么老板的智慧就是企业发展的天花板，只有让每个员工主动创造，才会有无限的想象空间。

在移动互联网时代，人们的要求越来越高，并不是你有一套产品就能卖很多年，也不是一套方法就能用很多年，形式每天都在变化。在这种情况下，你已经无法按照一套固定不变的方法复制成功。

未来，客户的需求更多是创意，因此能够随时根据客户的需求迭代产品及服务方式显得至关重要。

而且，只是听话照做的人，一旦遇到一点困难，就不知道该怎么做，甚至遇到困难就会退缩。团队成员不会自己思考，是件很恐怖的事。人与机器最大的区别就是人是有情绪的，只有当人们知道这么做的意义时，所有的困难才能克服；而当他们不知道为什么坚持时，小困难也会变成大困难。

那些最具战斗力的团队，一定知道为什么要做，而不是听话照做，因为他们具有同样的愿景与价值观，所以他们可以为此奋不顾身。把能积极发挥主动性的人组合在一起，而不是单纯地让他们听话照做，他们一定能想出比你的建议更好的方法。

9.3.6 你的个人品牌越来越强，你需要招募助理，你想要品德好的人还是能力强的人

✎ 认知突破

找认可你的人。

我最初经营公司时，觉得能力强的人能促进公司的飞速发展，于是招聘了产品总监和运营总监，给出每人 2 万元的月薪，另外还有公司期权。结果他们提出要有自己的生活，不加班，不亲自干活，只管理下属，其实核心问题就是他们的心不在公司。果然没多久他们就离开了公司，没有创造任何价值。

这并不是因为他们能力不够强，而是因为不合适。他们加入一家刚起步的创业公司，一定会心有疑虑，不能安心做事。心不安，则智乱。

后来，我面试员工时就会多多分享我自己的故事及我自己的梦想，70%的时间都是我在讲，让应聘者面试我。如果应聘者觉得我合适，认可我并主动要求加入，我才会考虑让他们加入公司。

现在，如果我需要招人，我就直接在自己的粉丝群内招募。这些人在我的群里已经有一年的时间，他们经常看我写的文章，经常和我互动，自然非常了解我，认可我的价值观，这样招募来的人可以走得更稳更远。

如果招聘品德好的人，品德是底线，但不是帮助企业发展的充分条件。老板

是发展速度最快的一群人，可是老板圈层是品德最好的一群人吗？不一定，品德好的人占比最大的群体可能是教书育人的老师。

如果招聘才干强的人，他们确实能帮助你快速发展，但是前提条件是他们能认可你，否则老是会想着跳槽，或是利用公司的资源做自己的事，这是个大麻烦。

如果招聘资源多的人，虽然他们的资源多，但并不意味着会心甘情愿为你所用，即便他们愿意为你提供资源，那些资源也未必适合你的企业。

而如果招聘认可你的人，他们会时时处处为你着想，会全力以赴地工作，毫无怨言地跟随你，至于能力则可以后期培养。

数年前万科去大学招聘员工，专挑高才生，用了几个月的时间选了 200 多人，但是 3 个月后，只留下 3 个人。这是因为这批学生中很多人并不认可万科，他们的心不在万科，而在其他高科技企业、互联网企业里，所以他们最终还是选择了辞职离开。万科 3 个月支付实习工资近 500 万元，招聘成本几十万元，结果仅剩下 3 个人。

后来他们转变招聘办法，先讲公司的文化，然后观察面试者的意愿，再挑选那些最有意向的人，果然效果不错。连万科这样的大企业都需要精心挑选认可企业文化的求职者，更何况我们这些刚刚创业的人。

9.3.7　为什么做个人品牌要找一个杠杆

✏️ **认知突破**

杠杆是撬动个人品牌的捷径。

人生杠杆就是一件拿得出手的事或者生命中遇到一个贵人。8 年前我在一家集团公司工作，集团每周的早会会邀请一个人当着几百人的面做 5 分钟的分享，我争取到了一次分享的机会。

那次演讲我准备了整整一周，我想做到既幽默风趣又契合主题。风趣对内向的我来说，是件非常困难的事，稿件被我删删改改好几次，但是好在结果是好的，这次分享很成功。这次杠杆使好几百人都记住了我，而且直到现在还有人记得我当年的演讲。如果没有这个杠杆，想要几百人记住我，可能需要花 5000 分钟。

杠杆之所以叫杠杆，是因为它能起到关键性作用，因此一定要精心准备。马云当年在融资阶段，找了数十家投资机构都没有成功，直到有一天遇到了蔡崇信，这个人是马云生命中的贵人，也是他寻找投资的杠杆。蔡崇信认识很多金融界大咖，他这个杠杆起到了巨大的作用，帮助马云撬动了孙正义这个国际投资大鳄，还有后来的其他投资机构。

作为普通人，我们可能未必能遇到一个事业上的贵人，但是我们可以做出一件拿得出手的事，比如去做一场演讲，哪怕观众只有 100 人。如果自己力量有限，可以先从做一个 10 人的沙龙或者做一个 100 人的社群开始。千万不要觉得 10 人太少，只要口碑足够好，500 人很快就会到来。

9.3.8　在打造个人品牌初期，如何与对手竞争

🖊 认知突破

不要正面竞争，而要适当逃跑。

如果是从零开始，面对竞争对手时我们不应该选择正面竞争的方式，而应该逃跑。你可以在朋友圈屏蔽竞争对手，从陌生的人群开始积累影响力。

假如你是初级健身教练，跟其他的高级健身教练正面竞争，你几乎没有取胜的机会，但是这世界上，有 99% 的人都对专业健身一无所知，即便你先教学员如

何专业地跑步,都会有大把的学员。而屏蔽竞争对手的好处是,你不会丧失信心,也不会受到打压,在毫无健身基础的人面前,你可以自信满满地开展工作。

如果已经有一定的基础但实力有限,依然要避其锋芒。在历史上有一个人不懂得避其锋芒,做了 20 年的个人品牌都没有成功,那个人叫刘备。他曾与曹操正面抗击,屡战屡败,直到遇到诸葛亮。

诸葛亮劝说刘备:"今操已拥百万之众,挟天子以令诸侯,此诚不可与争锋。孙权据有江东,已历三世,国险而民附,贤能为之用,此可用为援而不可图也。荆州北据汉、沔,利尽南海,东连吴会,西通巴、蜀,此用武之国,而其主不能守,此殆天所以资将军。"意思是首先要避其锋芒,不要与曹操在中原作战,而是选择一个适合自己扎稳根基的地方,也就是荆州。

然后,诸葛亮又提出他的建议:"先取荆州为家,后即取西川建基业,以成鼎足之势,然后可图中原也。"意思是去西川一带开辟陌生客户。

很多人误以为从零开始就是要与同行竞争,其实做个人品牌,在最开始的时候大家很难相遇。比如,你是一名健身教练,想要打造个人品牌,最开始你身边的粉丝不过几百人,而且都是你的老客户,一点都不用担心竞争的问题。因为中国的人实在太多了,即便有 10000 个做健身的个人品牌,也可以相安无事,何况健身行业至少还可以分出 100 个细分领域。

小结

> 卡耐基说,"一个人的成功,85% 来自人脉。"但是只有优质的人脉才能为你创造价值,没有价值的人脉只会浪费你的时间,所以不要轻易地链接人脉,而是要尽可能向更高一层的人靠拢,从他们身上获得认知世界的不同角度。如何让优质的人脉认可你,这是一项值得一生修炼的功课。

思考

你整理过自己的人脉关系吗，你的关系网中是高一层级的人多还是和你同一层级人多？

9.4　突破自我认知，成为更好的自己

摆脱自我认知的束缚，你会遇见那个更好的自己。

9.4.1　为什么有人买了很多衣服，在别人眼里还是同一个品牌形象

认知突破

超级别着装法。

有本书叫《你的形象价值百万》，书名已经生动地告诉了我们外在形象的重要性。在很多场合，别人无法一眼看出你的才华，因此见面时只能通过你的着装给你估值，那么怎样才能让我们看起来价值更高？

1. 超级别着装法

如果你现在处于经理岗位，最好穿得像总监一样；如果你是总监，最好穿得像 CEO 一样。当然，级别也不适合超出太多，否则很可能导致你的着装和你本人的气质格格不入。但如果你做到总监级别，还穿得像刚毕业的学生，会被他人认为不专业，老板都不愿意带你去见重要客户。

2. 品质重于数量

对着装比较讲究的人，一眼就能看出衣服的档次。如果你过去经常买 200 元一件的衬衣，那么建议你少买 2 件，直接花 600 元买一件就好，花的钱一样多，但是穿得更有品质。

很多人以为自己买了很多衣服，就是拥有了这些衣服，其实反过来思考，这同时也意味着自己被外物所拥有。衣服会占用你的空间、时间，消耗你的精力。少而精，可以让我们用更多的时间关注自我成长、思考、写作。

9.4.2　不擅长沟通、不敢演讲，是默默地做幕后工作，还是逼自己一把，走到台前

🖉 认知突破

重新理解"人生不设限"。

与更高层次的人沟通，可能会让自己不舒服、紧张，但是在这个经济高速发展的社会，你只要想往上走，就必须学会良好沟通，而且应该有意识地去做这件事。如果有机会，你也需要有意识地练习演讲，因为在很多场合，如投标会、新品发布会等，都需要演讲。

每个人对世界的认知都是很小的一个圈，待在这个圈内是最舒适的，但是这个圈同时也是一种局限，限制了你人生的更多可能性，而想要过不设限的人生，就要从这个圈里、从你的舒适区里跳出来。

"人生不设限"不仅仅是一种观点，还是一种心理状态。当你在内心跟自己说我做不到时，你的潜意识就会开始发挥作用，这时即便你怎么努力，也很难做好。因此我们只有从内心真正认可，才能逐渐感受到与人沟通的快乐，才能感受到演

讲成功的自豪感，给自己更多的心理能量，促使自己有更好的状态。

我高中的时候是个极其内向的人，3 年下来，连全班同学都认不全，但是经过几年的性格修正，我能够和很多人沟通，与身价百亿的老板、大学教授、明星都能聊得很愉快，现在还能站在台上给很多学员讲课。

连我这样极其内向的人都能上台，你也一样可以。别的事情也是同样的道理，比如学英语，其实每个人都能学好。你回想一下，在当初连发音都不会的情况下你都能学好汉语，现在过了 20 多年，你的学习能力更强了，却觉得自己学不好英语，那不是太设限了吗？此外，不管是学写方案、学团队管理还是学习打造个人品牌，只要你有需求，就不要给自己设限。

9.4.3　为什么自己提问了却得不到想要的答案

✏️ 认知突破

提问的水平决定你能否得到想要的答案。

那种冥思苦思后，似乎答案就在眼前但怎么也出不来，只需别人"一点"就破的问题，才是最好的问题。

中文里有个词叫"点拨"，佛学上也有个词叫"开示"。经过别人的点拨后能恍然大悟，是提问的最高境界。思考并提出这类问题，以及获得答案的过程能让自己的思维水平立即提升一大截。而那些自己从不思考，完全等待别人告知的问题，即便别人回答了，你也会很快将其抛之脑后。

比如你在做一个方案，如果自己没有思考，就直接提问："请问如何做双 11 的促销方案？"这不是问题，这是让别人帮你完成工作。而欲破未破的问法是："我已经准备好了双 11 的基本要素，想了三个策略，请你帮我看看哪一个最好？"

这代表你已经完成了大部分的工作，只是不知道哪个是最好的，是在 90 分和 100 分之间选择。如果这次做到了 100 分，就能让自己写方案的水平从此提升一个等级。

想要得到好的答案就需要对问题进行处理，将其转化为别人容易回答的问题，比如把开放性问题变成选择题，把正面提问变成侧面提问。

9.4.4　如何才能改正自己的缺点，让自己更进一步

✎ 认知突破
_____

把自己的优势发挥到极致，而不是改正那些不致命的缺点。

很多人着急学习新知识，把自己搞得忙乱不堪，但是真正的优势却没有发挥出来，甚至他们学习的技能，根本不是自己喜欢的，也不是自己的天赋所在，导致付出了很多努力却毫无成效，看着就令人心痛。

每个人都有自己与生俱来的一些特质，这些特质很可能是你人生最根本、最长远的优势。有些人的特质是善于思考，有些人的特质是喜欢写作，有些人的特质是擅长表达，还有些人的特质是执行力强、忠诚、善良、胆大，这些根本性的特质，即便其他人努力学习也很难达到。

如果你擅长思考，逻辑性很强，通过推理就能得出结论，那么你写出的方案会是逻辑严谨、很难找出漏洞的，这是一个只擅长口头表达的人无法模仿的特质。反过来，一个善于口头表达的人，出口成章、口吐莲花的技能，只擅长用笔写作的人也很难模仿。

你要做的是找到自己优势的特质，把它们发挥到极致，而那些不致命的缺点就随它去吧。我们如何才能放大自己的优势？

首先拿出笔和纸盘点自己的人生优势，至少写出 10 个特质，尤其是那些能够让你一下就获得成功甚至多次获得成功的特质。成功故事能反映出你的优势究竟在哪里。盘点后，记住自己的特质，做与特质有关的事，才能放大自己的优势。违背自己的特质做事，成功率会大大降低，而且会非常痛苦。

如果你很有胆魄，就适合做生意当老板；如果你天生谨慎胆小，就做稳定的工作，做研究性质的工作；如果你很享受沟通的成就感，那就去做销售，做演讲。工作没有好坏之分，只有适合与否。

9.4.5 你痛恨自己晚睡、晚起、拖延、长胖吗？如何让自己更自律

✏️ **认知突破**

自我谴责会加重不自律，如果无法自律就用"自律+他律"。

懒，是人性中的一部分，是人类还没有完全进化掉的一个习性。明明制订了健身计划，结果坚持不过一周；明明制订了存款计划，结果抵不过淘宝和京东促销，最后你非常内疚，恨不得抽自己两个巴掌。

此时请你不要谴责自己，也不要痛恨自己，不自律本身就已经影响了生活，又何必再让自我谴责加深受伤的程度？谴责反而会加固不自律的习惯，正如你走夜路时，越提醒自己不要害怕就会越来越害怕。

自己无法自律，那就用"自律+他律"的方法让自己形成习惯。周一到周五，90%的人都能按时起床，是因为迟到会被公司罚款。但是到了周六和周日，很多人都无法早起，还会晚睡、熬夜、追剧，这就是因为自己的自律性不强，而且周末也没有"他律"的监督。

既然无法自律，那就找到一个"他律"的方法，办公打卡、健身打卡、写作

打卡都是"他律"的方法。如果自己一个人无法完成打卡，就用群体督促的方法完成，加入一个组织，一群人共同完成，会变得容易得多。

圈子的作用很重要，要想形成健身的习惯就加入健身圈子，要想创业就加入创业圈子，要想赚钱就加入跟你一样想赚钱的人的圈子。所以，你会看到很多老板花费昂贵的学费加入 EMBA、商学院、慈善基金会等各种圈子。

要过上规律的生活，你可以采用"自律+他律"的方法。即便如此，有时候惰性也难免反复，但不要谴责自己，只要意识到这个问题就重新开始。人生就是一个不断修行的过程，而自律是重要的修行内容，需要用一生来完成，你还年轻，不急，慢慢来。

9.4.6 为什么有的人总是跳进同一个坑，而有的人总能绕过下一个坑

🖉 认知突破

复盘，让你避免两次跳进同一个坑。

复盘，不仅是复习，还是对过去的思考与总结。不对失败的教训进行总结，下次还会陷入同样的坑。比如，中小企业老板热衷招募能力强的员工，这是个大坑，很多能力强的员工到中小企业就职不久就会心不在焉，而正确的招募人选应该是"认可自己的人"。这是我复盘后得出的结论，于是在之后的招聘中我改变了策略，从此以后再也没有跳进这个坑。

如果做完一件事情没有进行复盘，下次依然会跳进重复的大坑，这说起来好像是个笑话，但很多人其实都在重复着跳进同一个大坑，甚至十年如一日。比如，有人为了生活，匆匆找一份不喜欢的工作，然后很快厌倦、离职；第二份工作，又匆匆找一个不喜欢的，然后依然做不长久，再离职；第三份工作还是一样，如此循环往复。因为每一次都对上一份工作没有进行复盘，导致工作几年乃至十年

还是没找到自己的热情所在，也没有一项拿得出手的专业，直到最后自己变得麻木，待在坑里出不来。

复盘可以帮你看到痛苦，看到痛苦才能走出痛苦。每过一年，建议大家都对自己的整个人生做一次复盘，不仅能够让你意识到很多问题，还能帮你找到复制成功的方法。

我们每完成一件事，总有做得比较成功的部分，通过复盘记住让自己取得成功的方法，下次可以继续使用。比如你蒸米饭，放一碗米加两碗水，米饭蒸得刚刚好，下次还用这个方法煮出的米饭就一定好吃，但是如果你下次还是靠感觉加米加水，就不一定能煮出好米饭。

做项目、写方案、开公司是同样的道理，我们都能找到可复制的方法，关键是能不能复盘总结出那些导致成功的要素。我们对任何工作，都应该有一个复盘，每次一个项目结束后，写一篇笔记，记录失败的大坑和成功的方法。复盘就是找出成功的方法，避免下一次再跳进同样的坑。

9.4.7　如何养成努力工作的习惯

✎ **认知突破**

不是要刻苦努力，而是要焕发热情。

很多人说，要努力工作，刻苦钻研。但是对于热爱工作的人来说，他们不需要努力和刻苦，工作本身就是一种巨大的乐趣，工作本身就是一种回报，赚钱不过是副产品。那些获得巨大成就的人，大都无比热爱他们正在做的事。

有的人选择去工作完全是生计所迫，他们被生活卡住而不能解脱，有时候很想突破，想找到自我，却又迟迟不敢走出困境，所以只能把自己困在一个小圈圈内。我曾经也被困了好几年，不敢走向更大的平台，不敢创业，唯恐走错一步就失去活命的饭碗。曾经有多少次我想要辞职，但是都没能下定决心，这导致我非常厌恶自己。直到我找到自己热爱的事业，才发现原来工作如此美好，生活如此美好。

不逼自己一把，怎么能知道自己到底能做成什么？每个人都应该寻找自己的热爱，让自己活得更自我一点，我们应该焕发热情而不是刻苦努力。

9.4.8　你身边那些看似不靠谱而又胆大包天的人后来都怎么样了

✎ 认知突破

胆小怕事让那些才华横溢的人一生平庸。

不敢开始一份事业，不敢挑战新的工作，不敢开始新的生意……都是因为不敢，才产生了很多遗憾。人生是由无数选择决定的，而胆魄决定了选择。但是这世上大部分的人不是自己选择人生，而是靠"群体意识"做出决定，俗称"随大流"。随大流会让很多才华白白付诸东流，所以那些少数有成就的人，往往都是有胆魄能做出不一样的风险决策的人。

胆魄是创业者的必备技能，凡是能够创业成功的人，都经过了多次冒险的选择，才成就了一番事业。胆魄能激发更好的人生，让我们敢于选择陌生的城市、开拓新的事业、从事陌生的职业、学习新的技能。有的人不敢跳槽，就是因为缺乏胆魄，从而导致自己的才华封闭受限，也可能很快消耗殆尽。出路，就是走出去才会有路。

那么我们应该如何提升自己的胆魄？

1. 想想最坏的结果

比一个坏选择更坏的是不做选择，任其恶化，如果最坏的结果自己能承受，那还有什么可怕的。现在换工作，最坏的结果是下一份工作没能通过试用期，如果你能接受，那还有什么可担忧的；创业失败，只要家里的日常生活不受影响，最多是亏光积蓄，如果你能接受，那还有什么可担忧的。

2. 看得见未来才有未来

丰富知识，让自己站得更高，看得更远，看得到未来才有未来，站得高才更清楚应该如何选择，而不是单纯地随大流。

3. 修炼自己的承受能力

当你完成 10 公里跑步，身体机能就更强了，胆魄也一样。每一次当你敢于做出以前不敢做出的选择，你的胆魄就在不断增强中。

凡是有成就的人，都是敢于做出抉择的人。

9.4.9 对于上班族来说，打造个人品牌和履行岗位职责，该如何选择

认知突破

把所有的事做成一件事。

把所有的事做成一件事，是我们做事业、做工作的最佳策略。如果你在从事一项工作，也可以把这个工作的内容做成你的个人品牌内容，这样就把工作和做个人品牌这两件事做成了一件事。

有一个儿科医生给自己的定位是"儿童咳嗽专家"，他把工作和个人品牌打造做成了一件事，不但不影响工作，还对工作有好处。如果他的个人品牌选择的是

别的事，比如社群运营、微商导师，就会影响自己的工作，还会影响自己专业的发挥。一个人一旦分心做两件事，会让自己的大脑处于不断切换的状态，必然会减少投入的精力，让自己的进步速度放慢，同时还可能引起焦虑。

我们应该坚持把所有的事做成一件事，不要企图同时能做很多事。很多人在提做"斜杠青年"，我并不太赞同这个做法，也许做"斜杠青年"短期内能多赚点钱，但是从个人品牌的角度，极大地影响了自己的专长发挥和品牌形象。如果真的要做，也要选择同一领域来做，把"斜杠"做成"直杠"。

9.4.10 愿景，是一句忽悠的口号吗

✏️ **认知突破**

愿力可移山。

我曾经问周边的朋友："假如你的孩子掉在河里，你去救他（她），90%的可能会搭上自己的性命，你还愿意去吗？"所有人都说愿意，甚至还有人说愿意一命换一命。我又问："假如河里有 1 亿美金的支票，你去打捞，90%的可能会搭上自己的性命，你还愿意去吗？"几乎没有人愿意。

美好的愿景能发挥出意想不到的力量。赚钱也是如此，美好的愿景是一个比赚钱目标更能激发自己全身能量的推动器，也更能激发团队的能量。

如果你是一个眼科医生，你的帮助能让 1 万名失明儿童重见光明，那么这个目标会激发你潜在的巨大能量，成功完成一个又一个手术；而假如你的目标是赚 1000 万元，最多调动你 60%的能量。

如果你是一个警察，你的帮助能让被拐卖儿童重回父母身边，你会调动自己全部的斗志打击犯罪，这就是愿景的作用。

"愿"在《说文解字》中的意思是"愿，谨也。从心，原声"，意思是老实、谨慎、恭谨，就是保持简单而纯粹地、心无旁骛地向前冲。你不会因为周边人的目光而犹疑，也不会因为少赚 200 元而失落。

有人可能会说，这么做会不会很吃亏？其实恰恰相反，这是一种成就事业的上上策。《道德经》中说，"以其无私，故能成其私""夫为不争，故天下莫能与之争"，就是告诉人们，以无私的心态，为他人着想，反而会获得更多；不与别人争夺，反而没有人与你争。

9.4.11　担心个人品牌无法变现怎么办

✎ 认知突破

个人品牌变现都是有路径的。

每个人打造个人品牌都应该给自己设计一个变现的模式，而不是跟随别人卖货，因为跟随别人永远不能建立强大的个人品牌。个人品牌是流量的入口，有了流量，就有多种变现路径。

第一种是最简单、最没有成本的"个人品牌+技能变现"。你会健身、瑜伽、写文案、做设计，这就是一种技能，很多人明明有这些技能，却没能实现变现，一是因为个人品牌没有树立起来，没有流量；二是因为没有把自己的技能包装成产品。

水是无法卖钱的，但是加个瓶子贴上"××山泉"的标签，就变成了矿泉水，就可以卖钱了。如果你会写文案，你就可以把写文案这件事包装成一个产品，可以售价 1 千元、1 万元甚至 10 万元。

第二种是"个人品牌+产品变现"，这个比较容易理解，但也不是单纯地在朋友圈卖产品，那不叫个人品牌变现，只能叫过去的关系变现。比如王潇写了一本书叫《时间看得见》，然后开发了一套《效率手册》笔记本，这就叫个人品牌变现。同样是笔记本，因为她增加了附加值和个人影响力，就可以卖到 40 多元，而且短期内这款产品不会过时，甚至可以卖几十年。

第三种是"个人品牌+课程变现"，最常见的就是在线上开设课程，其实除此之外，还有很多种其他方式，比如在社群开课、在知识星球开课、在知乎开课，也可以在线下开课。开课并不是很难，相信如果你认真阅读了本书的内容，一定也会这么想。但如果你觉得自己的资历不够深，就先开发简单的课程，哪怕前期只有 100 人听你的课，也是一个很好的开始。我最初开设课程，是希望能有 1000 人听，但是现在已经有 10 多万人听了。

9.4.12 打造个人品牌，如何才能累积巨大的势能

✏️ **认知突破**

持续做一件事，不仅是技能的累积，还是一种巨大的势能叠加。

自然界有能量叠加效应，一支军队齐步走，能震塌一座桥梁，几百张多米诺骨牌，能推倒一栋高楼。时间也有叠加效应，每天坚持做一件事，时间的累加也能为自己汇聚能量。

我在看过《阿甘正传》后，感慨颇深。阿甘每天坚持跑步，最开始是自己孤单地跑，然后有一些人跟随他跑，后来有更多的人加入，整个社区、整条大街都是跑步的人，十分壮观。当阿甘不想再跑的时候，其他人失去了阿甘的带领，都不知道怎么办了，很多人要求他继续跑下去。

阿甘，一个先天智商不高的人，却带领了那么多人做同一件事，汇聚了那么大的势能。他究竟做了什么事，是跑步吗？不是的，是持续跑步。

跑步和持续跑步有天壤之别，跑步仅仅是一项运动，如果只做一两次，几乎不会有任何效果；而持续跑步却汇聚了巨大的能量，能达到意想不到的效果。一滴水滴在石头上，几乎毫无意义，而持续地滴水，数年后居然可以让石头被滴穿一个洞，石头如此坚硬而水如此柔软，结果真是让人不可思议。

任何一件工作，坚持久了就不仅仅是专业的累积，更是巨大的能量汇聚。如果你坚持写作，每天写 500 字，一年就是约 18 万字，这一年的写作很可能已经为你累积了很多人的认可，也加深了你对事物的理解，提升了你的认知，为你累积了巨大的势能。

如果每天坚持跑步 3000 米，一年就是 1095 公里，几乎相当于从北京跑到上海。1095 公里，这不仅仅是一个数字，在这个数字背后，你的身体发生了巨大的改变，你整个人的能量场也会获得几个层次的提升，甚至你身边的人、你的合作伙伴和客户都能感受得到，这时你与他们谈生意，你的成功率比一年前可能会高很多。

人们看待一个人，不仅会从能力的角度看，还会从做事情的毅力这个角度去看。如果你的客户知道你每天写 500 字，坚持了 1000 天，他们一定更愿意购买你的产品，因为他们认可的不仅仅是你的产品，也不仅仅是你的能力，而是你的坚持。

9.4.13　打造个人品牌就是为了赚更多钱吗

✎ 认知突破

人生最重要的事情就是让自己变得更好。

我曾经跟一个企业家聊天，他说最成功的活法就是不断地让自己变得更好。

成功不是拥有值得炫耀的东西，而是自己的认知与生命能量的提升。所以他坚持早起学习，每年花费上百万元的学费向高人请教。如果在买一辆豪车和跟一个高手学习之间选择，他愿意放弃豪车，豪车是身外之物，而学习是对自己的提升。人生的目标应该是成为更好的自己，而不是成为物质的拥有者。

如果提升了认知，创业就会更加顺利，赚钱的层次也会更高，所以这是最划算的事。

这位企业家坚持每天早起学习，因为这段时间无人打扰，是脑子最清醒的时候，能够更好地吸收知识。而在纷繁嘈杂的环境里迅速地浏览知识，很快就会忘记，也无法将知识内化。最著名的投资人巴菲特也是每天早起读书，雷打不动，别人戏称他是"长着两条腿的书"。

从 2019 年开始，我每天早起，从 5:30 起床到 8:00 这两个半小时的时间用来健身和写作，但是现在仍然感觉不够。三天早起一天工，如果连早起都做不到，还怎么掌控人生？贪图享受只能让人轻松一时，而不断提升认知、修炼自己却能让人感受到长久的愉悦，因为人生最重要的事就是让自己变得更好。

小结

打造个人品牌就是要让自己变得更好，做好自己的形象管理、时间管理、情绪管理、胆魄管理，让自己汇聚更大的能量，发现自己更多的可能性。

思考

目前的你是理想的自己吗，你将如何改变？

本章总结

个人品牌是一种不同的人生算法，不仅价值千万，更是一种人格与灵魂的修炼，是一种人生的经营法则。通过打造个人品牌，让自己成为自己，而不是活在别人的影子里，也不是活在世俗里。人活着最应该做的事就是成为更好的自己，进而帮助别人成为更好的自己。

最后，如果你觉得这本书还不错，我想请你帮我分享给身边的朋友或分享到朋友圈里，王一九在此鞠躬感谢。

读完本书，你最大的收获是什么，请用三句话来概括：

1.＿＿＿＿＿＿＿＿＿＿＿＿＿＿＿＿＿＿＿＿＿＿＿＿＿

2.＿＿＿＿＿＿＿＿＿＿＿＿＿＿＿＿＿＿＿＿＿＿＿＿＿

3.＿＿＿＿＿＿＿＿＿＿＿＿＿＿＿＿＿＿＿＿＿＿＿＿＿

图书在版编目（CIP）数据

从 0 到 1 打造个人品牌 / 王一九著. —北京：电子工业出版社，2020.7

（数字化生活·新趋势）

ISBN 978-7-121-39117-0

Ⅰ．①从…　Ⅱ．①王…　Ⅲ．①成功心理－通俗读物　Ⅳ．①B848.4-49

中国版本图书馆 CIP 数据核字（2020）第 100885 号

责任编辑：周　林
特约编辑：吴　曦
印　　刷：三河市鑫金马印装有限公司
装　　订：三河市鑫金马印装有限公司
出版发行：电子工业出版社
　　　　　北京市海淀区万寿路 173 信箱　邮编：100036
开　　本：720×1000　1/16　印张：16　字数：230 千字
版　　次：2020 年 7 月第 1 版
印　　次：2025 年 5 月第 18 次印刷
定　　价：60.00 元

凡所购买电子工业出版社图书有缺损问题，请向购买书店调换。若书店售缺，请与本社发行部联系，联系及邮购电话：（010）88254888，88258888。

质量投诉请发邮件至 zlts@phei.com.cn，盗版侵权举报请发邮件至 dbqq@phei.com.cn。

本书咨询联系方式：25305573（QQ）。